JN201902

おしゃべりな絶滅動物たち

おしゃべりな絶滅動物たち

会えそうで会えなかった
生きものと語る未来

川端裕人
Hiroto
Kawabata

岩波書店

はじめに　おしゃべりな絶滅動物

「近代の絶滅」に出会う

生きものの絶滅、とりわけ「近代の絶滅」という現象にとらわれるようになって久しい。十代後半だった頃、アメリカのSF作家ロバート・シルバーヴァーグによる『地上から消えた動物』（ハヤカワ文庫、一九八三年）や、イタリアの生物学者フランチェスコ・サルバドーリらの『大図説滅びゆく動物』（小学館、一九八〇年）を読んだ。そして、魅了された。

それらの中では、ドードー、ステラーカイギュウ、オオウミガラス、リョコウバト、フクロオオカミといった、この数百年のうちに絶滅した種が紹介されていた。

モーリシャス島のドードーは『不思議の国のアリス』に代表されるような物語の中に幾度も登場してきた飛べない鳥で、ステラーカイギュウはかつて北太平洋に生きていた体長一〇メートルにも及ぶ優しい「人魚」（Sirenia, ジュゴンやマナティーなどを含むカイギュウ類のこと）だ。北大西洋のオオウミガラスは「ペンギン」の語源になった「元祖ペンギン」として知られ、リョコウバトは数十億羽の巨大な群れを作って北米大陸を旅した。そして、オーストラリアのフクロオオカミは、英語ではタスマニアタイガー（虎）とも、タスマニアウルフ（狼）とも呼ばれ、ネコ科なのかイヌ科なのかと混乱させられる。しかし、実はカンガルーやコアラと同じ有袋類（ゆうたいるい）だ。

これらの魅力的な生きものは、恐竜のように何千万年も前に消え去ったわけではなく、つい「最近」まで地球上に存在していた。ヒトによる狩猟や生息地の破壊など、なんらかの「人為」によって数を減らし、ドードーは一七世紀、ステラーカイギュウは一八世紀、オオウミガラスは一九世紀、リョコウバトとフクロオオカミは二〇世紀に、それぞれ絶滅してしまった。英語では、「近代の絶滅（modern extinction）」という言葉があり、おおむね一七世紀の「ドードーの絶滅」よりも後の事例に対して使われているようだ。

絶滅を語り直す

以来、「近代の絶滅」という現象が、ずっと心の底にある。

執着、といってよいと思う。「会えそうで会えなかった」悔恨と惜別の念や、わたしたちが絶滅させてしまったという贖罪の念などが混ざり合って、名状しがたい複雑な思いにとらわれる。

大学を卒業した一九九〇年代からは、目立った絶滅種の痕跡をたどる旅をするようになった。標本を所蔵する自然史博物館を訪ねるだけでなく、かつての生息地に足を運び、地元の研究者と話し合ったり、一次史料を確認させてもらったりもした。

しかし、これらについて、自分が何かを書く、ということは想像できなかった。というのも、すでに絶滅してしまって新たな展開のない生きものについて、あらためて何かを書く意義が見いだせなかったからだ。それこそ、既存の書籍を読めばいい。その後、類書はさらに増えたから、同じようなことを同じような手つきで訴える意義をますます見いだせなくなった。

事情が変わったのは、二〇一四年、オランダの歴史研究者リア・ウィンターズとイギリスの鳥類学者ジュリアン・ヒュームが発表した論文[1]を読んだときのことだった。それによれば、一六四七年、つまり、モーリシャス島で野生のドードーが絶滅間際の時期に、日本の長崎の出島に一羽の生きた個体が連れられてきていたという。

ドードーが日本に来ていた！というのは、驚くべき事実である。遠い島で人に見出されるやいなや絶滅してしまったドードーが、歩み寄ってきたようにすら感じた。

日本に来たドードーはその後、どうなったのだろう。日本語で書かれている史料を見る必要があるわけだから、日本語話者が調べる必要があると感じた。

すぐさま論文著者に連絡を取り、日本国内での調査を開始した。ヨーロッパにある他の標本を見てまわり、生息地だったモーリシャス島での発掘調査に参加させてもらったりもした。そして、二〇二一年には、ノンフィクション『ドードーをめぐる堂々めぐり――正保四年に消えた絶滅鳥を追って』(岩波書店)、二〇二三年には、小説『ドードー鳥と孤独鳥』(国書刊行会)を上梓することができた。

結局、日本国内でドードーがどこへ行ったのか解明することはできなかったのだが、ノンフィクションをまとめ、小説として物語を紡ぐ中で多くのことに気づかされた。

「近代の絶滅」には、まだまだ汲み尽くせない論点がある。それらを軸に新たな「語り直し」が必要だ。むしろ「書くべきだ」と。

二一世紀の科学から脱絶滅の技術へ

語り直しが必要な理由の中で、もっとも大きなものは、「絶滅動物についての新知見」だ。二一世紀になって進んだ新たな科学的探究によって、次々と興味深いことがわかり、知識が更新されている。

例えば、化石や剝製から3Dモデルをつくることが簡単になったおかげで、これまでの通説が覆ることがある。フクロオオカミの場合、より正確な体重を推定でき(大幅に下方修正)、より精緻に動き方を検討できるようになった結果、かつて「ヒツジを食べる」と目の敵にされた悪評が、実は濡れ衣だったとわかった。フクロオオカミは、その悪評ゆえに報奨金がかけられて駆除されたので、そういった誤解さえなければ、今も生き延びていた可能性がある。

また、ゲノム科学の進展は、さらに広範な話題を提供してくれる。

「近代の絶滅」は、ここ数百年に起きたことだから、最低でも骨が、場合によっては皮や内臓まで博物館などに保存されている。映画『ジュラシック・パーク』の恐竜のように数千万年以上前の遺物からDNAを抽出することは難しくとも、基本的にはDNAを抽出した上で塩基配列を読み、ゲノムを決定することが可能だ。本書の執筆時点で、先にあげたすべての種ですでに試みられている。

ゲノムとは、生物のもつ遺伝情報の全体をさす言葉で、それがわかるということは、生物の「設計図」を手に入れることとされる。地球生命の進化や多様性の機微に触れる情報であって、そこから始まる科学的な探究分野は広大かつ深遠だ。

応用面でも、大きな動きがある。近縁種の遺伝情報をゲノム編集で書き換えて、クローン技術や、さらにはｉＰＳ細胞のような「万能細胞」の技術を応用することで、絶滅種を復活させられないかという考えが、この一〇年ほどのうちに提案されるようになった。いわゆる「脱絶滅(de-extinction)」と呼ばれるもので、これまでに、リョコウバト、ケナガマンモス、ドードー、フクロオオカミなどが候補に挙げられてきた。当初は、あくまで技術上の可能性として受け取められていたものの、二〇二一年になって、アメリカで、まさに脱絶滅を主要な目標に置いた新興企業が登場するなど、次第に真剣味を帯びたものとなりつつある。

「更新世末の大量絶滅」から「近代の絶滅」へ

取材を始める前の時点で、絶滅という現象をめぐって、次のような認識を持っていた。

絶滅は、地球生命の歴史の中では、必然的なものだ。すべての生物種は、いずれ絶滅する。大量絶滅が起きると多くの種が消え去るかわりに、新たな種が生まれて、間隙を埋めていく。そのこと自体に善悪はない。例えば、人類が生まれるはるか前の恐竜の絶滅について、善悪が論じられることはあまりない。絶滅が悪いものであると観念されるのは、あくまで人がその生きものを絶滅に追いやってしまったときだ。

では、そういった「人為の絶滅」は、いつごろから起きていたのか。

最終氷期とその終了後にあたるおよそ七万年前から一万年前に起きた大型動物相（メガファウナ）の絶滅を、「更新世末の大量絶滅」、あるいは「第四紀後期の大量絶滅」と呼ぶことがある。ちょうど人類がアフリカから他大陸へと進出した時期と重なっており、その影響を受けたものだという説が有力だ。この時期に絶滅した大型動物で代表的なのは、北アメリカ大陸、ユーラシア大陸の各種マンモス、ユーラシア大陸のケサイや、ホラアナライオン、オオツノジカ、南北アメリカ大陸の各種オオナマケモノといったものが挙げられる。特に、マンモスについては、人類の狩猟の証拠が多く残っており、「過剰殺戮（オーバー・キル）」が絶滅の主因となった可能性が指摘されている。

一方で、この時期は、氷期と間氷期を繰り返す中で急速な気候変動が継続しており、そちらの方を重く見る議論もある。人類による狩猟の考古学的な証拠がない種も多く、単純な「過剰殺戮説」では説明しにくい。現在も、さかんな議論が交わされているところだ。(2)

しかし、「近代の絶滅」は、もう少し単純だ。短ければ数十年、長くても数百年のうちに、狩猟や、人為による環境の変化で種が絶滅するに至ったことが明瞭で、「人為か気候・環境変動か」というような論争は少ない。今や、地球上に人類は満ち溢れているのだから、これからも多くの種が、人為によって絶滅するに違いない。

では、いったいどうすればよいのだろうか。

思考実験として、地球上から人類が消えれば、すべて解決するか考えてみよう。たしかに、人類が滅んでしばらくすれば、「人為」といえるような新たな絶滅はなくなるだろう。しかし、それで本当によいのだろうか……。

決してそんなことはないはずだ。わたしたちもまた、他の生きものと同じように、生きるべく生まれてきた存在だ。長い進化の旅のはてに「このようにある」ことは、まずは肯定的に捉えるべきだろう。人の影響を排すれば「人為の絶滅」がなくなるのは当然であり、実際の課題は、わたしたち自身が生きつつ、他の生きものたちと共存するということなのだから……。

「絶滅後」を生きる、おしゃべりな生きものたち

そのような問題意識を背景に抱きつつ、本書の章立ては次の通りである。

第一章では、一八世紀に発見されてからわずか二七年で絶滅した、「巨大な人魚」ステラーカイギュウを扱う。生息地だった北太平洋亜寒帯域のベーリング島を訪ね、発見者であるゲオルク・ヴィルヘルム・シュテラー(一七〇九～四六)の記述を追うことで、まだ「絶滅」という現象が見出されていなかった時代に、どれほど簡単にこの生きものが消え去ったのかを見る。同時に、ステラーカイギュウが、実は日本近海で進化した、「わたしたちのカイギュウ」だというあまり知られていない事実も紹介したい。

第二章では、一九世紀に絶滅したオオウミガラスを紹介する。この時代、地上から消えてすでに二世紀近くが過ぎていたドードーの標本が再発見されたことで、「絶滅」という現象が注目されるようになっていた。オオウミガラスの絶滅を恐れた自然史博物館がまず行ったのが、標本の確保であり、

それが種としての息の根を止めたことは、なんとも言い難いエピソードだ。

ドードーなどの絶滅鳥の研究者で、オオウミガラスの絶滅にまつわる調査を行ったアルフレッド・ニュートン(一八二九〜一九〇七)の証言が、わたしたちの理解を深めてくれるはずだ。ニュートンは、ダーウィンの進化論の初期からの支持者で、アイスランドで捕獲された「オオウミガラスの最後の二羽」についての情報を収集し今に伝えた。また、ドードーやソリテア(モーリシャス島の隣のロドリゲス島にいたドードー類の絶滅鳥)の研究を行い、後年は野生の海鳥保護を訴えた。

第三章と第四章では、それぞれ二〇世紀の絶滅である北米のリョコウバト、オーストラリア・タスマニア島のフクロオオカミ(タスマニアタイガー)を見る。リョコウバトは北米において自然保護の象徴的な存在となり、フクロオオカミもオーストラリアで同様の重みをもっている。

そして、第五章では、二一世紀になってからの初めての大型哺乳類の絶滅となった、ヨウスコウカワイルカ(バイジー)について語る。絶滅が事実上確定したとされる二〇〇六年の国際調査には、日本からも研究者が参加していた。絶滅危惧種として国際的な注目を浴びる中での絶滅であり、世界の自然保護関係者の間に甚大な衝撃を与える「事件」だった。

さらに第六章では、ゲノム編集の技術などを使って、絶滅種を「復活」させようとする「脱絶滅」の研究と技術開発について見ていく。本当にドードーやフクロオオカミを復活させることができるのだろうか。今見通せる技術的な展望はどのようなものなのだろうか。脱絶滅がどのような社会的、倫理的、実際的な問題を提起するのか、その輪郭を確認したい。この動きが、伝統的な自然保護、種の保存の現場からは厳しい目を向けられていることも述べる。

すべての章で扱う種、テーマについて、なんらかの「現場」に足を運び、「今」を見渡す過程を経て執筆に取り掛かった。かつての生息地を訪ねることは最も重要視したし、できるだけ一次史料に近いものを参照し、現地での資料収集やインタビューによって理解を立体的なものにする努力もした。本書の想定読者である日本語話者とのつながりを常に意識し、二一世紀になってからの新たな知見に目配りしつつ、「これから」に直結する新たな課題について考えた。結果、目の前に浮かび上がってきたのは、「近代の絶滅」をめぐって絡まりあい、幾重にも重畳した巨大な問題の系だった。

絶滅動物たちは、「おしゃべり」である。今もわたしたちに、多くのことを語りかけてくる。最初は、郷愁や哀感を誘う、強い吸引力をもった話題の主役として。次に、多くの生きものを絶滅に追いやってきた、いや、今も追いやりつつある、ヒトという生きものの「本性」にかかわる証言者として。また、生物進化に新たな理解をもたらす貴重な科学研究の対象として。さらには、脱絶滅の議論の中で、生物にかかわる倫理や新たな価値観を問う者として。

あらためて「近代の絶滅」を語り直す中で見えてくる新しい景色の中を、ぜひ一緒に旅していただければと思う。会えそうで会えなかった生きものたちは、単なる執着やノスタルジーの対象ではない。きわめて今日的な課題を提起し続け、未来を考える糸口となる存在として、「絶滅後を生きている」のである。

目次

はじめに　おしゃべりな絶滅動物

第一章　「絶滅」を知らない時代の絶滅
——一八世紀、ステラーカイギュウ　1

コラム❶　ステラーカイギュウは日本のカイギュウ?
——日本で見る大型海牛類の進化　27

第二章　「人為の絶滅」の発見
——一九世紀、ドードー、ソリテアからオオウミガラスへ　34

第三章　現代的な環境思想の勃興
——二〇世紀、生きた激流リョコウバト　66

コラム❷　リョコウバトと日本人画家と野口英世　97

第四章　絶滅できない！
——二〇世紀、フクロオオカミ（タスマニアタイガー）　104

第五章　それでも絶滅は起きる
——二一世紀、ヨウスコウカワイルカ（バイジー）　130

第六章　ドードーはよみがえるのか
——二一世紀、「脱絶滅」を通して見えるもの　157

終　章　絶滅動物は今も問いかける
——「同じ船の仲間たち」と日本からの貢献　199

謝辞など　211

注

第一章

「絶滅」を知らない時代の絶滅
――一八世紀、ステラーカイギュウ

一九九一年、ベーリング島にて

一九九一年九月、北太平洋亜寒帯域、カムチャツカ半島沖に浮かぶベーリング島の海岸を歩きながら、水面に目を凝らしていた。

海は、青々としているというより、もっと濃い色で、水の中にはゆらゆらと揺れるものがあった。巨大なコンブだ。この浅い海の水面下には、コンブの森が広がっている。ラッコの親子が、コンブの間を縫うように泳ぎながら、ウニの殻を割って食べていた。微笑ましくも素晴らしい光景だったが、ぼくは周囲に視線を配り続けた。

水面に、小さな島のような巨大な塊が浮いていないだろうか。それはゆっくりと泳ぐ巨大な生きものかもしれず、そうだとすれば、ときに蒸気まじりの呼気がブシュと噴き上がるはずだ……。

その生きものとは――

大きさだけを考えるなら、今の地球上、最大の動物たちであるクジラだと思われるかもしれない。

図 1-1　1898 年，フランスの科学週刊誌 *La Science illustrée* に掲載された，Victor Delosière によるステラーカイギュウの復元図

しかし、違う。

では、なにか、というと、実は、人魚だ。

ギリシア神話に由来する人魚“Siren”をそのまま名称にした分類群シレニア(Sirenia, 海牛目)。つまり、日本の水族館でもときどき飼育されている、マナティーやジュゴンを含む仲間に属する生きものである。

もっとも、実際に水族館などで、マナティーやジュゴンを見たことがある人は、「どこが人魚なのだろう」と思うだろう。ヒゲが生えた顔に、でっぷりした胴体がつながり、腕もオールのように平らになった「胸びれ」に変わっている。人魚のイメージとは、かけ離れている。それでも、マナティーやジュゴンの仲間は、「人魚」とむすびつけられてきた。

ぼくがつい探してしまったのは、この「人魚」の中でも最大の身体をもつステラーカイギュウだった。学名は、*Hydrodamalis gigas* で、巨大(*gigas*)な水中の牛(*Hydrodamalis*)を意味する。こちらの名の方が、より実態に即していると思われる(図1-1)。

岸からほど近い浅い海で、このような巨大な生きものがコンブを食(は)んでいるなら、目につかないはずはない。だから、やはりステラーカイギュウはこの海にはいないと考えなければならない。

そもそも、ステラーカイギュウはとっくに絶滅したとされる生きものだった。

図 1-2　1991 年に訪れたベーリング島を対岸から眺める(右)．ベーリング隊の漂着 250 周年記念で式典が行われていた(左)

カムチャツカ半島沖のベーリング島にて、一七四一年に発見されたときには、すでにこの島と隣のメードヌイ島のまわりに、およそ二〇〇〇頭が生息するだけだったとされる。そして、発見から二七年後の一七六八年には、最後の一頭が狩られて絶滅した。

一九九一年、テレビ局に勤務して三年目の報道記者だった頃、カムチャツカ半島や沖合の島々の自然を紹介する特集コーナーを担当し、この海域を旅した。いわゆる東西冷戦が終わり、当時のソビエト連邦が情報公開を進める中、実現した取材だった。ベーリング島を訪ねるのはかねてから熱望していたことだったので、現地側担当者とのやり取りの中で、旅程にベーリング島を入れてもらえたときには、快哉(かいさい)を叫んだ。

現地に到着すると、浅い海にびっしりと生えたコンブの森の中にステラーカイギュウの小島のような背中が浮いていないか探した(図1-2)。それを諦めた後も、砂浜に埋もれているかもしれない骨を探して回って、実際に、それらしきものを見つけもした。島の博物館では、比較的小柄なステラーカイギュウの全身骨格標本を見せてもらい、会えそうで会えなかったこの「北の海の優しい人魚」は、やはり実在したのだと、しみじみ感じ入った。

一七四一年、ゲオルク・シュテラーの発見

ステラーカイギュウが発見された一七四一年は、日本では江戸幕府第八代将軍、徳川吉宗の時代だった。漢訳洋書の禁が緩められ、蘭学への関心が高まっていた時期だ。一方、ベーリング海やオホーツク海など、北海道よりも北側の海は、すでに探検の時代に入っていた。ステラーカイギュウは、その探検の中で見出された新種の動物だった。

ヴィトゥス・ヨナセン・ベーリング(一六八一〜一七四一)というデンマーク出身の探検家が、ロシアのピョートル大帝の命で、二度にわたる探検航海を行った。その二度目の航海(一七四一〜四二)では、アラスカ南岸からアリューシャン列島の一部をヨーロッパ人としてはじめて見出すという発見をなしとげた。その後、嵐にあって漂流した末、一一月、カムチャツカ半島沖の無人島(のちにベーリング島と呼ばれる)の近くで難破し、上陸することとなった。

多くの船員がビタミン不足に由来する壊血病に苦しめられており、船長のベーリングも、島に着いてすぐに亡くなった。残された船員たちは、その後、壊れた船から新しい小さな船をつくって脱出するまで、一〇カ月間にわたってこの島で生活することを余儀なくされた。

厳しい島の生活の中で船員たちの健康を守る立場だったのが、船医として乗り組んでいたゲオルク・ヴィルヘルム・シュテラーだ。「ステラー」とも表記されるが、本書では彼の母語であるドイツ語の読みに近い「シュテラー」とする。

シュテラーは、優秀な博物学者でもあり、この航海で、トド、オオワシ、メガネウ、ステラーカケ

スなど、多くの新種の生きものを発見した。それぞれ、英名ではシュテラーの名を冠した呼称が定着している。たとえば、トドは、Steller's sea lion、オオワシは、Steller's sea eagleだ。

そして、本章の主役であるステラーカイギュウも、シュテラーが報告して、その名がつけられた生きものの一つなのである。ステラーカイギュウは、ベーリング島の周囲の浅瀬に住んでおり、シュテラーは上陸してすぐにこの生きものの存在に気づいた。

『海の獣』の記述

それでは、ステラーカイギュウとはどんな生きものだったのか。

もっぱらコンブなどの海藻を食べる、巨大だが温和な「人魚」であり、発見からわずか二七年で狩り尽くされた悲劇性も相まって、話には「尾ひれ」がつきがちだ。

そこで、この魅力的な生きものを観察した唯一の「専門家」である、シュテラー自身の説明を中心に見ておきたい。

シュテラーは、一七四二年にベーリング島からカムチャツカ半島に帰還した後、しばらくはカムチャツカ半島に残って調査を続けた。ふたたびヨーロッパの土を踏むことなく、一七四六年、シベリアで亡くなったものの、遺稿から『海の獣』『カムチャツカ誌』『ベーリング島誌』などが刊行された。

その中で、ステラーカイギュウについて詳しく述べた『海の獣』(*De Bestiis Marinis*)は、サンクトペテルブルクの帝国科学アカデミーから一七五一年に出版された。原文はラテン語だが、一八九九年に英訳が成っている[1]。

それによると、シュテラーは、島のまわりを泳いでいた生きものをカイギュウ類だとすぐに見破り、「マナティー」と呼んだ。そして、つぶさに観察した上で、詳述した。以下、他文書から時系列的な関係を補いつつ、見ていく[2](引用者訳。以下、特に断りのない日本語訳は同じ)。

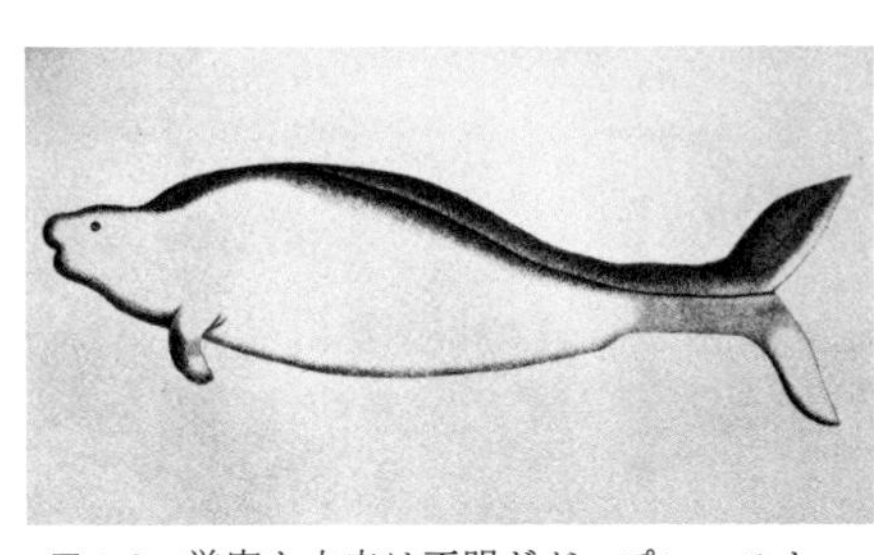

図 1-3　厳密な由来は不明だが，プレニスナーによるものと推定されるスケッチ．完全な標本から描かれた唯一のものと考えられ，19 世紀から多くの書籍に転載されてきた

> この動物は海岸線に沿った浅い砂地の海、特に淡水の流水がある川や小川の河口付近を好み、いつも群れで生活している。餌を食べるときは、コドモやワカモノを前に出し、側面と背面を取り囲み、常に群れの真ん中にいるように気を配る。(略)ほとんどの場合、家族全員が一つのコミュニティで一緒に暮らしており、オスは成長したメス一頭とその小さなコドモたちを連れている。
>
> これらの動物は非常に食欲旺盛で、絶え間なく食べ続ける。あまりに貪欲であるため、生命の安全を顧みることもせずに、常に水面下に頭を留めている。(略)彼らは四、五分おきに鼻を水面上に上げ、馬が鼻をかむときのように空気と少量の水を吹き出す。(略)餌を食べているとき、カモメが背中に止まり、カラスが豚やヒツジのシラミを食べるのと同じように、皮膚にはびこるシラミを食べることがある。

浅い海で、静かにコンブを食べる様子が活写されている。このように平和な生きものであったため、人が容易に近づくことができ、捕獲できたということにつながっていくのだから、この時点で、先行きを知る人にとっては、すでに物悲しさを感じさせる。

なお現地では、地図製作者・画家として乗り組んでいたフリードリヒ・プレニスナー(Friedrich H. Plenisner, ?~一七七八)が、何枚かステラーカイギュウのスケッチをしたようだが、今に伝わっているのは一葉だけだ。それを見ると、まさにマナティーやジュゴンに似た姿ではあるものの、体に対して頭が小さめであることがわかる。また、尻尾は、マナティーのような丸い形ではなく、ジュゴンに似た二股状になっていた(図1-3)。

図1-4　1922年にアメリカで出版されたベーリングの航海誌英訳に掲載された，シュテラーによる解剖の復元図

体長一〇メートルに達する巨大人魚

シュテラーは、越冬後の一七四二年の春以降、狩猟で得た個体を計測、解剖、観察する機会を得た(図1-4)。もっとも、計測できたのは、七月一二日に捕獲したメス一頭だけだ。難破した船から取った木材を使って、島から脱出するための新しい小さな船をつくるために船員たちは忙しく、シュテラーはほとんど協力を得られなかった。そこで、金銭を払って船員たちを雇い、なんとか一頭だけ詳しい計測を行って、その結果を表に

することができた。

まず気になるのは、大きさだろう。

掲げられた表の五〇近い項目の中で、最初に記されている「上唇の先端から二股になった尾の片側の先端までの長さ」が、まさに「体長」に相当する。

二九六インチ、つまり、七・五メートル強。

今生きているカイギュウ目の中で最大のアメリカマナティー(ウェストインディアンマナティー、*Trichechus manatus*)が平均体長三・二メートルほどなので、その倍以上であることは驚かされる。もっとも、一頭だけの計測であり、他にもっと大きなものがいたことも間違いない。最大の個体はどれくらいになったのだろうか。

シュテラー自身、海にいる大きな個体を見たときに、目測で「四〜五ファゾム」と表現した。実は、これは後々、混乱要素となった。

目測だからもともと不正確であり、なおかつ幅をもたせている。さらに、当時ロシアで使われていたファゾムという単位には、陸ファゾムと海ファゾムの二種類があって、どちらを使ったかもわからない。これらの要素を織り込むと、結局、七・三〜一〇・七メートル、とかなり広い範囲になってしまう。下限だと、シュテラーが計測したメスの七・五メートルにほぼ一致する。

しかし、現在は、シュテラーが見た以外の情報も考え合わせて、むしろ上限の一〇メートルに近かっただろうとされている。

他の島から見つかった十数万年前のステラーカイギュウの下顎の骨が、まだ成長が止まっていないワカモノのものであるにもかかわらず、シュテラーが計測したオトナのメスと同サイズだったことに加えて、ステラーカイギュウの前の時代にいたアメリカ西海岸の大型カイギュウ(クエスタカイギュウ)は、九メートル以上あったことも傍証になっている[3]。

さらに、もう一点、シュテラーの計測で目を引くものを紹介しておく。

「口から肛門までの消化管全体」が、五九六八インチ、およそ一五二メートルに及んだという。「体長の二〇・五倍」と、シュテラーは注釈している。

ヒトの消化管の長さは、身長の五〜六倍と言われるから、それよりはるかに長い。文献によると、ウシ五一メートル(体長比二五倍)、ネコ二メートル(同三・五倍)、ヒツジ三一メートル(同二七倍)、トラ五メートル(同五倍)というふうに、草食傾向が強いほうが消化管が長く、体長との比も大きいそうだ[4]。ステラーカイギュウにもその傾向が見られ、おそらくは、コンブを消化して栄養にしていくために必要だったとされる。シュテラーは一五二メートルもの消化管を体内から引きずり出し自ら計測した。近くで常に肉を狙っていたというキツネを遠ざける必要があり、それだけでも大変な作業だったろう。

樹皮のような皮膚、指のない前肢、そして咀嚼板……

さらに他の特筆すべき部分としては、次のようなものが挙げられる。

・分厚い皮に覆われており、それは動物の皮というより、オークの古木の樹皮のようだった。厚さ

図1-5　『海の獣』に掲載された咀嚼板のスケッチ

は一インチほど(二・五センチ程度)であった。

・両顎の唇に剛毛が生えていた。それが海藻を(岩から)引き剝がす際に歯の代わりとなり、咀嚼中に口から物が落ちないようにする。両顎の唇はウシの唇と同じように動く。

・口の中に歯はなく、コンブを臼のようにすりつぶす部分を口蓋と下顎にもつ(『海の獣』には、この独特の器官、咀嚼板の図版がある。図1-5)。

・指や爪、蹄などはなく、それらを欠いたまま皮膚に覆われ、ブラシのように固い毛が密集していた。

ここに挙げた特徴は他の生きものには見られない、あるいは珍しいものばかりだ。

シュテラーは、全身の骨格標本や剝製を持ち帰れないか検討し、コドモの皮に草を詰めた剝製まで準備したが、結局、新しい船に乗せることはできなかった。

もしも、それを持ち帰っていれば、樹皮のような皮膚、唇の剛毛、指のない前肢とブラシのような毛などがもっとはっきりとわかっただろう。

結局、シュテラーが持ち帰ることができたのは、咀嚼板の上下セットだけで、それらも一時行方不明になっていた。しかし、ロシアのサンクトペテルブルクの博物館で、一九世紀になってからそれらしい標本が再発見され[5]、今も所蔵されている。

社会的な生きもの

こういった身体的特徴に加えて、ステラーカイギュウの社会性も注目すべき点だ。すでに、集団中でコドモたちを守りながら採食するなどの部分は引用したが、さらに強い集団の絆は、狩猟の対象になったときに明らかになった。

シュテラーたちがステラーカイギュウを捕獲し始めたのは、一七四一年末に漂着して船員たちが栄養不良に苦しんでいた時期ではなく、翌四二年、越冬を終えた六月になってからのことだ。それまでは、キツネ、ライチョウ、ラッコ、アザラシ、アシカ、流れ着いたクジラなどを食べていた。シュテラーは、ステラーカイギュウの捕獲を次のように描写している。

> 捕獲には、錨のフックに似た大きな鉄鉤(てつかぎ)が使われた。(略)屈強な男がこの鉄鉤を持ち、他の四、五人とともに舟に乗り込み、一人が舵を握っている間に三、四人が群れに向かって静かに漕ぎ出す。打ち手は舟の舳先(へさき)に立ち、鉤を手に持って、近くまで来るとすぐに打った。これが終わると、岸に立った三〇人の男がロープのもう一方の端を持ち、その生きものが必死で抵抗するにもかかわらず、苦労して岸に引きずり上げた。

一頭が鉄鉤で捕まり、激しく暴れ始めると、群れの中でその近くにいるものたちも騒然となり、彼を助けようとする。あるものは背中で船をひっくり返そうとし、あるものはロープを押し下げてそれを切ろうとし、あるいは尾の一撃で傷ついた仲間の背中から鉤を引き抜こうとし、何度かは成功した。彼らの性質と、夫婦の愛情について、非常に興味深い証拠がある。メスが捕まった際、オスは私たちが何度も殴りつけても全力でメスを逃がそうとし、それが無駄に終わっても、岸まで追いかけてきた。そして、メスが死んだときには、矢のようにメスに近づいてきた。翌日、早朝に肉を切り取って持ち帰ろうとすると、オスはまだメスのそばで待っていた。三日目、内臓を調べるために私一人で来たときにも、この光景を目にすることができた。

仲間が人に襲われたとき、逃げるのではなく、むしろ助けようとして、留まってしまう性質があったという。群れでコンブを食べているときに、「ボートに乗った人間や、裸で泳いでいる人間は、危険なく群れの間を移動し、仕留める一匹を簡単に選ぶことができた」という極端な無警戒さについての報告もあり、あわせて考えると、大柄な割には、手軽に、かつ、連続的に捕獲できる条件が揃っていたことが察せられる。

ただし、シュテラーが語っている「一雄一雌」については、少し留保した方がよさそうだ。シュテラーは、『海の獣』の中で、ラッコについても記述しており、こちらも「一雄一雌」で「オスはいつもメスとコドモを守っている」と説明している。しかし、実は、ラッコのオスもメスも、複数の相手と交尾し、オスは子育てに参加しない。シュテラーの説明は間違いだったと今ではわかっている。

シュテラーは、医師で、博物学者だっただけでなく、実は、神学者でもあった。ベーリング島でのシュテラーは、医師として病気の船員たちを助け、亡くなったときには、葬儀を行う牧師の役割を果たしていたことが知られている。シュテラーはキリスト教の「一夫一妻」の価値観を強くもっていたため、ことオスとメスの関係についてもそれを当てはめがちだったのかもしれない。

しかし、仲間の遺体の近くから離れず死を悼(いた)んでいたように見えたというのは、胸を突く部分だ。チンパンジーやゾウでも、亡くなった仲間の遺体から離れなかったり、戻ってくる行動が報告されており、ステラーカイギュウも同様の高度な認知能力をもっていたのかもしれない。今の時代なら、人々の共感を集めるカリスマ的な海洋哺乳類になっただろう。

肉の味

シュテラーは、さらに、食用としてのステラーカイギュウについて、詳しく述べている。まず言及されるのは、母乳についてだ。

ミルクは非常に濃厚で甘く、ヒツジのものによく似た粘性をもつ。ウシからミルクを取るのと同じ方法で、死んだメスから大量のミルクを取るのが私の習慣であった。

無人島で甘いミルクが手に入るなら、入手しない手はないだろう。船員たちの健康に資するものだったに違いない。
さらに肉についても、脂についても、きわめて高評価だ。

肉は牛肉よりやや硬く粗く、陸上動物の肉より赤みがある。驚くべきことに、暑い盛りの日々に虫だらけになっても悪臭を放つことなく、非常に長い間野外に置いておくことができる。長く煮ると、牛肉と見分けがつかないほど素晴らしい味になる。コドモの脂肪は新鮮なラードとほとんど見分けがつかないが、肉は仔牛と同じである。茹でるとすぐに柔らかくなり、茹で続けると若い豚肉のように膨らんで、鍋の中で茹でる前の二倍のスペースを占めるようになる。

〔脂肪は〕白色だが、日光に当たると「五月バター〔五月につくられた塩を使わないバターで、しばしば医療目的に使われたとされる〕」のような黄色になる。その匂いと味は、他の海獣の脂肪とは比較にならないほど心地よい。それどころか、他の四足獣の脂肪とすら比べられないほど美味しい。しかも、暑い気候の中でも、非常に長い間、腐ったり臭いが強くなったりすることなく保存することができる。試しに食べてみると、とても甘く、風味が良いので、わたしたちはバターへの欲求がなくなった。風味はスウィートアーモンドのオイルに近く、バターと同じ用途とできる(〔 〕内は引用者注。以下同じ)。

牛肉に劣らない肉と、バターの代用、いや、それ以上の脂が手に入るなら、船乗りたちが、ステラーカイギュウを常時捕獲したいと考えるのは自然なことだった。

一頭を仕留めると、三トンほどの肉が得られ、数十人の船員がおおむね二週間、食べ続けることができたという。つまり、二週間ごとに猟を行うだけで、その他の日々には脱出用の小型船の建造を進めることができた。

二七年後の絶滅

シュテラーたちがベーリング島を離れ、出港したカムチャツカ半島までなんとかたどり着いたのは、一七四二年八月末のことだった。

探検隊の帰還によって、これまで無人島だったベーリング島には、多くのラッコが棲んでいることや、食料として捕まえやすいステラーカイギュウがいることが、情報として伝わった。次の年の一七四三年には、さっそく毛皮猟師がベーリング島を訪ね、ステラーカイギュウを食料にしながら、ラッコやキツネやアシカを狩った。

猟師たちは、ベーリング島を足がかりに、さらに遠くに行くことも思い立った。ベーリング島でステラーカイギュウの肉を塩漬けにして貯蔵すれば、アリューシャン列島やアラスカまで航海するのが簡単になるからだ。

一八世紀において、まだ「絶滅」という概念は、今のような意味では確立していなかった。ステラーカイギュウがいずれいなくなるのではないかと懸念した人物もいたが、大局としては狩猟が抑制されることはなかった。そして、一七六八年、ベーリング島にて、最後の一頭が殺され、この巨大な優しい人魚は絶滅に至った(6)。

なお、シュテラー自身は、この「絶滅」を知らなかった。ベーリング島からカムチャツカ半島に帰還してから四年後の一七四六年、当時のロシアの首都サンクトペテルブルクに戻る途中、シベリア西部の都市で病気になり、亡くなったからだ。

シュテラーは肖像画なども残されておらず、彼の業績は、死後に出版された『海の獣』『カムチャツカ誌』『ベーリング島誌』や、彼が報告したり献名されたりした動植物を通じて知られるのみだ。

「生の骨」

ステラーカイギュウが、かつて地球上にいたことを、今も確実に示してくれるものは、シュテラーが残した記録と、ステラーカイギュウの骨だといえる。

ステラーカイギュウの骨は、一九世紀から二〇世紀にかけてベーリング島でたくさん見つかった。こういったものは、ほとんど、シュテラーの報告の後でやってきた毛皮猟師たちが捕まえて解体した後、運よく砂に埋まるなどして保存されたものだ。一九九一年にぼくがベーリング島を訪ねた際には、前述の通り、島の唯一の博物館で、やや小ぶりながら全身がしっかり保存された標本を見せてもらえた(図1-6)。

そのときの印象はというと――

まず、化石ではなく「生の骨」だった。今でも脂が染み出しているのではないかと思うほど、生々しさを感じた。本当に、これはつい最近、おそらくは二三〇～二五〇年ほど前に生きていたのだと考えると、胸が高鳴った。

脊椎の上に突き出している突起(棘突起)は、尻尾を動かす筋肉が付着する部分だが、鯨類と比べると控えめだった。ステラーカイギュウは、クジラやイルカのように遠距離を短時間で移動するような力強い泳ぎはできなかっただろう。また腕の先端部を見ると、シュテラーが述べていたように手首から先の指の骨がなかった(本当になかったのか、という議論はある)。頭の部分では、上顎がクチバシ状に突き出しているのがまるで鳥のようで、素直に格好いいと感じた。その形が、きっと、コンブなどを引きちぎるのに役立っていたのだろう……等々。

図1-6　ベーリング島の博物館に展示されていたステラーカイギュウの骨格標本

薄暗い博物館の中で、その「生の骨」をずっと忘れないようにしっかりと目に焼き付けた。

なお、島の外に持ち去られ、世界の博物館に収蔵されているステラーカイギュウの骨は数多い。これまでに見つかったものすべてをリストにした研究がある。(7) それによると、世界の四二地域、五一の博物館に、全身骨格は少なくとも二七体、頭蓋骨はさらに六二個、他の骨は五五〇個以上が確認できるという。ほとんどがベーリング島由来で、他の地域からの化石などがごくわずかに混ざっている。

ただし、全身骨格とはいっても、一頭まるまる同じステラーカイギュウの骨を使った全身骨格は二～四体しかなく、あとはすべて、何頭かを合わせて一頭分にしたものだ。この博物館にあったのは、まさにその二～四体しかない「一頭まるまる同じステラーカイギュウ」の標本のうちの一つだった。

海岸でステラーカイギュウの骨を見つけた？

ベーリング島の博物館では、ステラーカイギュウの用途は食肉以外にどんなものがあったのか、ということについても情報をまとめていたので、ここに触れておく(8)。

はじめてステラーカイギュウを狩ったシュテラーたちが、肉と脂しか利用しなかったのに対して、その翌年からやってきた猟師たちは、丈夫な革を活用する方法も考え出した。ブーツの底に使ったり、木の枠組みに張ってボートにするなど、大いに役に立ったようだ。

ステラーカイギュウが絶滅した後、島に移住してきた人々も、その骨を利用した。島では木材があまりとれないので、建物をつくるとき、基礎の部分に使ったそうだ。一九世紀に犬ぞりが導入されると、そりが地面や雪と接する「ランナー」の部分に骨が利用された。これは二〇世紀になって、鉄に取って代わられるまで続いたという。

そして、一九九〇年代には、骨を使った工芸品がつくられていた。これは、村おこしのために始められたものだと聞いた。今でも、取っ手にステラーカイギュウの骨を使った杖やナイフが、ネットで売られているのを見るが、この時期につくられて、島の外に売られたものかもしれない。

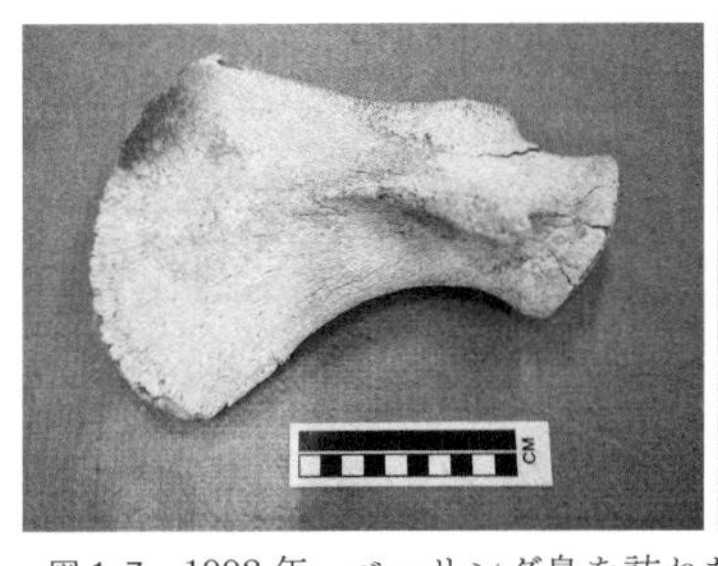
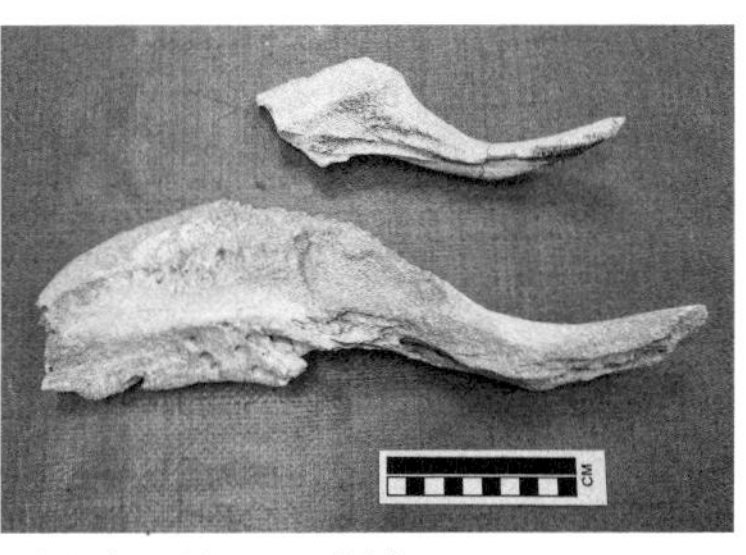

図 1-7　1992 年，ベーリング島を訪ねた古澤仁が見つけた標本．コドモ(右上)とオトナ(右下)の上顎骨，コドモの肩甲骨(左)．札幌市博物館活動センター所蔵

工芸品のために使われる骨は、海岸から掘り出されたものだった。ということは……その時点でも骨は見つかっていたのである。

はじめて海岸を歩いたとき、コンブが密生する浅瀬を見ながら、ついステラーカイギュウの背中を探したことは本章の冒頭で述べた。生きたステラーカイギュウが見つかることは、実際にはありえないことだったし、感傷的にすぎたとも思う。しかし、骨については、まだまだ可能性があった。

そして、実際に見つけた。非常に重たい「バナナように」屈曲した骨だった。ステラーカイギュウの肋骨ではないかと感じた。しかし、このときに案内してくれていたガイドは取り合ってくれず、その場に残していくよりなかった。

ちょうど一年後の一九九二年、カイギュウ類化石の専門家、古澤仁(一九五六〜二〇二三)がベーリング島を訪ねて調査を行ったところ、島の北東部の海岸を歩いただけで、上顎骨、肩甲骨、肋骨、などを見出した[9]。古澤が発見したもののうち、オトナとコドモの上顎骨、コドモの肩甲骨は、今は、札幌市博物館活動センターに所蔵されている。二〇二三年に訪ねて見せてもらったときには、もう三〇年も前にベーリング島で見た景色が、一緒によみがえるような懐かしい気持ちになった(図1-7)。

また、二〇一七年には、ロシアのチームが、頭部を除いてほぼ完全な骨格を発掘したことがニュースになった。まだまだ、地面の下に眠っているステラーカイギュウたちはいるのである。

本当に狩猟で滅んだのか

では、ステラーカイギュウは、本当に狩猟で絶滅したのだろうか。

シュテラーや同時代の記述からさらに踏み込んで絶滅の経緯を明らかにしようとする努力は、絶滅後一世紀を経て一九世紀になってからようやく本格化した。アメリカのスミソニアン国立自然史博物館の研究者、レナルド・スタイネガー(Leonhard Stejneger, 一八五一〜一九四三)による現地調査と文献の掘り起こしが、現在につながる議論の原点だ。

スタイネガーには来日経験もあり『日本とその周辺の両生爬虫類学』[10](一九〇七)という著書で、日本の両生爬虫類学の基礎を築いたことで知られる。「日本の両生爬虫類学の父」と呼ばれることもある。[11]しかし、ステラーカイギュウに関心をもつ者の間では、むしろゲオルク・シュテラーの伝記作家であり、また、ベーリング島を訪れて多くの標本を発掘した博物館キュレーターとして、今も大きな存在感をもっている。「日本の両生爬虫類学の父」が、同時にステラーカイギュウの研究者でもあったことは、日本でこの生きものに関心をもつ者にとっては覚えておきたいトリビアだと思う。

さて、スタイネガーが一八八七年に発表した論文「北方の巨大なカイギュウはいかに根絶されたか」は、二一世紀になっても引用され続けている基本文献だ。[12]

その中で、彼はまず、当時の生息数を多くても一五〇〇頭と推定した。また「発見」以降、絶滅に至るまで、毎年何人の猟師が島を訪ね、どれだけの期間滞在したか記録を掘り起こし、どの程度の食肉を、カイギュウの狩猟でまかなったか考えた。

はじめて毛皮猟師がやってきた一七四三年から一七六三年にかけての二〇年間、島で越冬したのは、のべ六七〇人で、滞在期間は平均一〇カ月だった。スタイネガーの試算によると、そのために必要だったステラーカイギュウの頭数は、二〇五頭だという。初期の推定生息数である一五〇〇頭には到底届かない。

しかし、それに加えて、ベーリング島からさらに遠くへと狩猟の旅に出る猟師たちが保存食にするために狩った数も考慮しなければならない。ベーリング島を訪ねた猟師のうち、四〇〇人が続く旅に出ており、その平均期間は二四カ月、つまり二年だった。そのためには二九〇頭のステラーカイギュウの肉が必要で、先の二〇五頭とあわせると四九五頭になる。

これでもまだまだ足りないわけだが、さらに歴史文献を読み、スタイネガーは恐ろしいことを見出した。毛皮猟師によるステラーカイギュウ狩りはとても「浪費的」だったのである。例えば、岸に近くにいるステラーカイギュウにしのびよって、鉄の棒などを打ち込み、逃げるに任せた。そして、血を流して死んだものが、海岸に打ち上げられるのを待った。

そのまま沖に流されてしまうものも多かったはずだし、日数がたつと腐敗が始まって、食べられなくなってしまうものもあっただろう。だから、実際に必要だった四九五頭に対して、その五倍が殺されていたとスタイネガーは考えた。となると、単純計算で二四七五頭になる。もともといた数として推定した一五〇〇頭よりも多いので、これではステラーカイギュウはひとたまりもなかった。つまり、狩猟の圧力は、ステラーカイギュウを絶滅させるのに十分だった。また、この試算は、一五〇〇頭という最初の推定は少なすぎ、二〇〇〇頭くらいはいたはずだという、現在よく言及される数字の根拠のひとつともなっている。

ラッコとウニとコンブの関係

ステラーカイギュウの「電撃的な過剰捕獲」による絶滅の経緯については、スタイネガー以来、繰り返し議論されてきた。

二一世紀になってからは、スタイネガーのような手計算ではなく、コンピュータ・シミュレーションで絶滅条件を明らかにする、個体群存続可能性分析(PVA, population viability analysis)も行われるようになった。この手法による二〇〇五年の研究では、発見時の頭数が一五〇〇頭なら、絶滅は一五年後の一七五六年くらいのはずだと結論された。一七六八年まで生き延びるには、最初に二九〇〇頭はいたという仮定が必要だという。[13] これは、隣のメードヌイ島のステラーカイギュウの群れも含めれば、それくらいの数だったという解釈もされている。過剰な狩猟、いわゆる「オーバー・キル」による絶滅の典型的事例に見えるわけだが、仮に直接的な捕獲がまったくなかったとしても絶滅しえたという議論もある。二〇一五年の論文をもとに紹介しておく。[14]

ここで問題とされるのは、ステラーカイギュウではなくラッコの狩猟だ。ステラーカイギュウの絶滅に先立ち、毛皮を目的にした狩猟でラッコが激減した。ラッコは北太平洋の海の生態系の要となる種であり、その減少は連鎖反応を引き起こす。まず、ラッコが好んで食べるウニが、ラッコの不在によって増える。すると、ウニが食べるコンブが、大きな捕食圧にさらされて激減する。

こういった関係は図式として予想されるだけでなく、北太平洋で繰り返し観察されてきた（ラッコ―ウニ―コンブの栄養カスケードの崩壊、と専門的には呼ぶ）。そして、コンブはステラーカイギュウの食べ物なので、ステラーカイギュウは直接狩られなくても食べ物を失ってしまうことになる！

論文では、ベーリング島でのラッコの捕獲頭数の推移から、ラッコが実質的に地域絶滅した時期を割り出して、一七五〇年代には沿岸の「コンブの森」が崩壊していたであろうことを、まず示した。そして、現生動物ではステラーカイギュウの一番の近縁であるジュゴンの観察研究から、餌資源が減少した場合にどれだけ個体数が減るかを求め、ステラーカイギュウに当てはめた。その結果はというと……絶滅の年である一七六八年まで生き延びられた個体は、なんと一頭！ということになった。そもそもベーリング島に多くの人々がやってきたのはラッコ猟のためなので、いずれにしても、その時点でステラーカイギュウは絶滅する運命だったということになる。

現在、ベーリング島には、ラッコがふたたび戻ってきている。しかし、そこにステラーカイギュウが二度とあらわれることがないというのは、切ない事実だ。

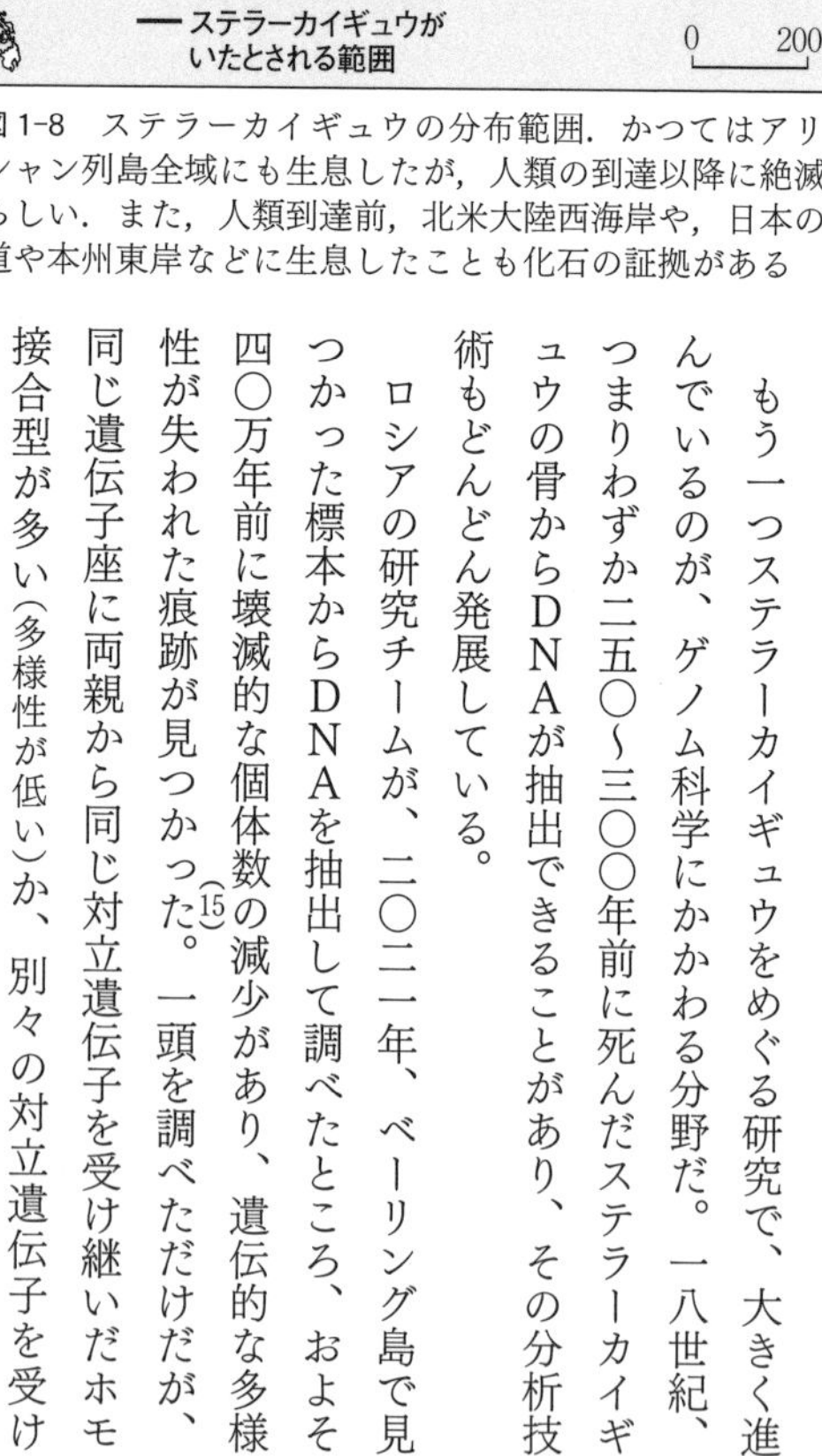

図1-8　ステラーカイギュウの分布範囲．かつてはアリューシャン列島全域にも生息したが，人類の到達以降に絶滅したらしい．また，人類到達前，北米大陸西海岸や，日本の北海道や本州東岸などに生息したことも化石の証拠がある

ゲノム科学で歴史をさかのぼる

もう一つステラーカイギュウをめぐる研究で、大きく進んでいるのが、ゲノム科学にかかわる分野だ。一八世紀、つまりわずか二五〇〜三〇〇年前に死んだステラーカイギュウの骨からDNAが抽出できることがあり、その分析技術もどんどん発展している。

ロシアの研究チームが、二〇二一年、ベーリング島で見つかった標本からDNAを抽出して調べたところ、およそ四〇万年前に壊滅的な個体数の減少があり、遺伝的な多様性が失われた痕跡が見つかった[15]。一頭を調べただけだが、同じ遺伝子座に両親から同じ対立遺伝子を受け継いだホモ接合型が多い（多様性が低い）か、別々の対立遺伝子を受け継いだヘテロ接合型が多い（多様性が高い）か、といった情報から、個体群全体の遺伝的多様性やボトルネックになった時期を推定した。

ステラーカイギュウは、化石の証拠も含めると、日本の千葉県から、北海道、カムチャツカ半島沖のベーリング島とメードヌイ島を経て、北米大陸のカリフォルニア沿岸に至る、北太平洋北部の広い地域に生息したことがわかっている（図1-8）。それが、四〇万年前、人類（ホモ属）がまだ、アフリカ大陸やユーラシア大陸の比較的暖かい地域にしかいなかった頃に、人類とは関係なく、一度、大きな危機を経験していたのである。

その後、氷河期と間氷期が繰り返し訪れる中で、個体群の消長が繰り返された。ステラーカイギュウは浅い海にしか棲めないため、海面が上昇すると島々を渡れなくなる。一万年前の最終氷期以降は、温暖化と海面上昇によって個体群が分裂し、さらにその後、水温が下がって海退が始まると、今度は餌場が減少して、小規模なレフュジア(「待避地」と訳される)に残されるのみとなった。ベーリング島だけでなく、さらに東に連なるアリューシャン列島や、ベーリング海峡南に位置するセントローレンス島からも先史時代の骨が発掘されており、レフュジアはいくつかあったと考えられている[16]。そのうち歴史時代まで存続したのが、ベーリング島とメードヌイ島の個体群だったのである(図1-8)。

樹皮のような皮膚の秘密

二〇二二年、今度はアメリカの研究者などが、世界中の博物館にある一二個体の骨からDNAを抽出し研究を発表した。そして、ロシアの研究チームが結論したように、四〇万年前から五〇万年前の間に、遺伝的な多様性が減じたことを確認した[17]。

さらに、ステラーカイギュウの遺伝子は、ジュゴンやマナティーがもっている遺伝子とどこが違うのか、つきあわせて比較して、興味深い遺伝子の変化を一つ報告している。

多くの生きものがもっているタンパク質に、リポキシゲナーゼと呼ばれる酵素がある。哺乳類の場合、リポキシゲナーゼは、皮膚をつくるときに大切な役割を果たしていることがわかっている。

マウスの実験では、リポキシゲナーゼの遺伝子を働かないようにすると、肌が角質化する。ヒトにも先天的に、リポキシゲナーゼをうまくつくれない人がいて、肌が分厚くなって角質化する、魚鱗癬（ぎょりんせん）という病気になりやすいという。

ステラーカイギュウでは、このリポキシゲナーゼをつくる遺伝子が変異して働かないようになっていた。ジュゴンやマナティーにはない、ステラーカイギュウだけの特徴だ。

シュテラーの観察によれば、ステラーカイギュウの皮膚に分厚い角質層があり、「動物の皮膚というより、古い木の皮に似ている」とのことだった。まさにそれと一致していると思われる。

ステラーカイギュウにとって、これは病気ではなかったはずだ。むしろ、ときどき荒れる北の海の浅瀬で生きるための変化、つまり適応かもしれないと、研究チームは結論している。皮膚が分厚く角質化すると、氷や岩により皮膚が傷つくのを防ぐことができて、都合が良かったのだ、と。

また、研究チームは、脂肪をためて、体を大きくするときに役立ちそうな遺伝子の変化も見つけていて、それらも、ほかのカイギュウ類、ジュゴンやマナティーには見られないものだそうだ。調べられた遺伝子の変化は一部だけなので、今後、さらに多くのことがわかってくるだろう。

すでに絶滅している生きものであるにもかかわらず、ステラーカイギュウの本格的な研究が、今、新たに進みつつあるのである。

コラム❶ ステラーカイギュウは日本のカイギュウ？
——日本で見る大型海牛類の進化

ステラーカイギュウは、発見時の生息地だったベーリング島の生きものだというイメージが強い。しかし、かつては北太平洋北部に広く分布し、日本からも化石が発掘される。このコラムでは、ステラーカイギュウが「日本と縁が深いわたしたちのカイギュウ」だということを示したい。

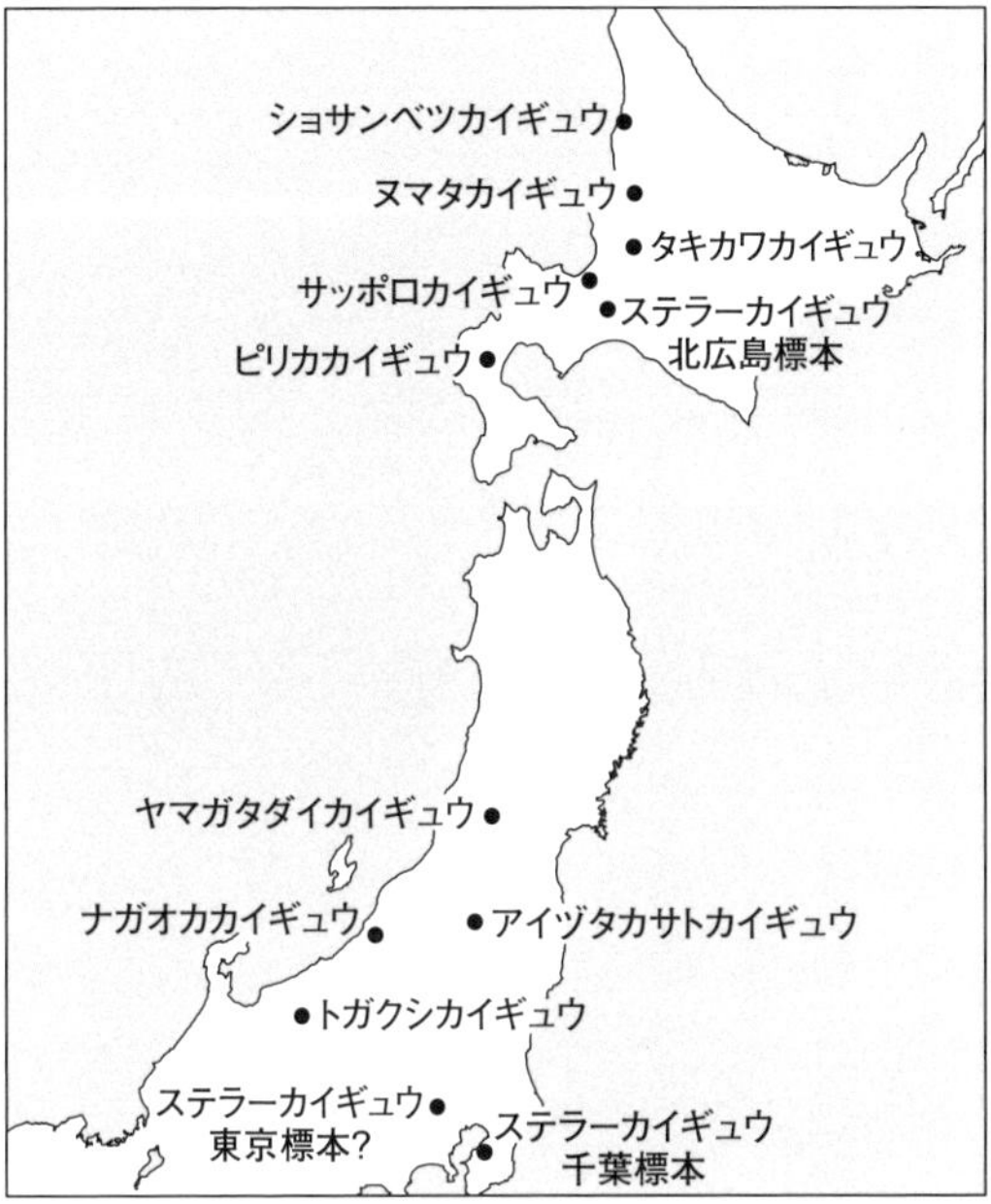

図 1-9　日本で見つかっているカイギュウの化石

ステラーカイギュウは、現生の水棲哺乳類であるジュゴンやマナティーと同じ海牛目(Sirenia)の一員だ。系統的にはマナティーよりはジュゴンに近い。ジュゴンとの共通祖先から分岐した時期は、二一二〇万年前とされている[18]。

ジュゴンは南の海に分布するが、ステラ

ーカイギュウの祖先は冷たい海に適応して大型化していき、北太平洋に広がった。その過程を示す化石は、日本、とりわけ東日本で多く見つかっている。

図1-9をみてほしい。日本で見つかる様々なカイギュウ化石の発掘地をまとめてみた。登場するカイギュウは、大きくわけて二種類だ。

一つは「西の人魚」を意味するドゥシシーレン属で、二〇〇〇万年ほど前に北アメリカの太平洋岸に現れたのち、日本側にも渡ってきたとされる。日本で見つかる化石は、一〇〇〇万年前から八〇〇万年前くらいまでのものだ。体長はせいぜい四～五メートルくらいで、まだ口の中には歯があった。

もう一つは、「水中の牛」を意味するヒドロダマリス属だ。体長が七～一〇メートルにもなった「北の海の巨大人魚」である。このグループは、八〇〇万年前から比較的最近(一七六八年!)まで生きていた。つまり、ステラーカイギュウもヒドロダマリス属だ。

まずは、ステラーカイギュウの「大祖先」にあたる「西の人魚」ドゥシシーレン属から紹介しよう。次の三種類のドゥシシーレン属の化石が、いずれも市民により発見され、地元の研究者や高校教員などに率いられて発掘された。現在は地元の機関に収蔵されており、それぞれの地域において大きな存在感をもっている。

・ヤマガタダイカイギュウ(*Dusisiren dewana*)　山形県大江町の最上川の河床から見つかった。体の前半身がまるまる保存されたすばらしい化石で知られる。年代は一〇〇〇万年ほど前。

推定体長は四メートル弱、と今のジュゴンやマナティーよりもすでに大柄だ。コンブなどの海藻を食べ始めていたとされるが、まだ歯をもっていた[19]。

・**アイヅタカサトカイギュウ**（*Dusisiren takasatensis*）　一九八〇年、福島県喜多方市高郷町の阿賀川沿いで頭骨、肩甲骨、前腕骨が見つかった。年代は、ヤマガタダイカイギュウとほぼ同時期の一〇〇〇万年ほど前。推定される体長も、同様の四メートル弱だった。一方で、歯はより小さく、つまり歯を失う直前の段階だったとされる[20]。

・**ヌマタカイギュウ**　一九八七年、北海道沼田町の幌新太刀別（ほろにいたちべつ）川の河床で見つかった。年代は八〇〇〜九〇〇〇万年前とされる。推定体長四〜五メートルほど。頭の骨が見つかっていないため、まだ学名はついていない[21]。

そして、時代が下ると、体長七〜一〇メートルにも及ぶ、より大きな体をもったヒドロダマリス属が登場する。その進化は、主に北海道から見つかった標本でたどることができる。

・**サッポロカイギュウ**　年代は八〇〇万年前、とドゥシシーレン属のヌマタカイギュウと同時代で、なおかつ既知のヒドロダマリス属としては最古だ。頭骨など重要な部分が見つかっていないため種小名はついておらず、*Hydrodamalis sp.*（ヒドロダマリス属の種）と表現される[22]。

・**タキカワカイギュウ**（*Hydrodamalis spissa*）　サッポロカイギュウよりも後の時代、年代は五〇〇万年前。一九八〇年、北海道滝川市内を流れる空知川の河床から発見され、ほぼ全身の骨格を回収することができた。体長は七〜八メートル、重さ四トンに達した。種小名のスピッサは「分厚い」「濃密」という意味で、骨の組織が密であることや、全身の骨格の構造に由来する。[23]

・ピリカカイギュウ（*Hydrodamalis sp.*） 北海道南部の今金町のダム建設現場で発見された。年代は二〇〇万年前で、かなり現代に近い。頭骨を含む上半身がほぼ完全な形で見つかっており、発掘して復元した体長は八メートルに達した。これまで全身の復元模型がつくられたカイギュウ類の中で最大級だといわれる。タキカワカイギュウとステラーカイギュウの中間的な特徴をもっている。[24]

そして、一〇〇万年前になると、いよいよヒドロダマリス属の「最終形態」であるステラーカイギュウが登場する。一〇〇〇万年前のドゥシシーレン属から、八〇〇万年前の最古のヒドロダマリス属、そしてステラーカイギュウに至るまでの流れを途切れなく見ることができるのは、日本だけだということを、まずは強調したい。

ステラーカイギュウの化石で学術的に報告されているものは、日本では次の二標本がある。

・北海道北広島市の標本 札幌にも近い北広島市の砂利採石場で、下顎骨の一部、上腕骨一部、肋骨のかけらなどが見つかった。年代は一〇〇万年ほど前とされる。[25]

・千葉県市原市の標本 やはり砂利採石場から、同じ時期のステラーカイギュウの肋骨が見つかった。これまでに見つかったステラーカイギュウ化石の中では、海外のものも含めて最も南側での発見だ。当時の海が冷たくなったり温かくなったりするのに合わせて、ステラーカイギュウの生息域の南限が移動していたのではないかと考えられる。[26]

さらに、二一世紀になって東京都狛江市の多摩川河床、およそ一三〇万年前の地層から、ステラーカイギュウらしい化石が発見されたという報告もある。[27]

一方、海外に目を移すと、ステラーカイギュウの化石は、北太平洋の東側、アメリカでも見つかっている。その中で、年代がはっきりしている化石は二点で、一つはアリューシャン列島のもの(一二万七〇〇〇年前)、もう一つは、アメリカ西海岸のカリフォルニア州の海底から採取された頭骨の一部(一八万九四〇〇年前)だそうだ。つまり、日本の標本の方がずっと古い。

ステラーカイギュウは日本近海で進化し、のちに太平洋を渡ってアメリカ側に進出したという説がある。[28] そうでなくとも、少なくとも「日本と縁の深い、わたしたちのカイギュウ」と思っていいのではないか。それがこの場での結論だ。

次に、日本で見つかるステラーカイギュウの仲間の化石について、筆者自身が撮影した写真で紹介する。すべて地元の人々が専門家とともに発掘し、地元で展示されている。

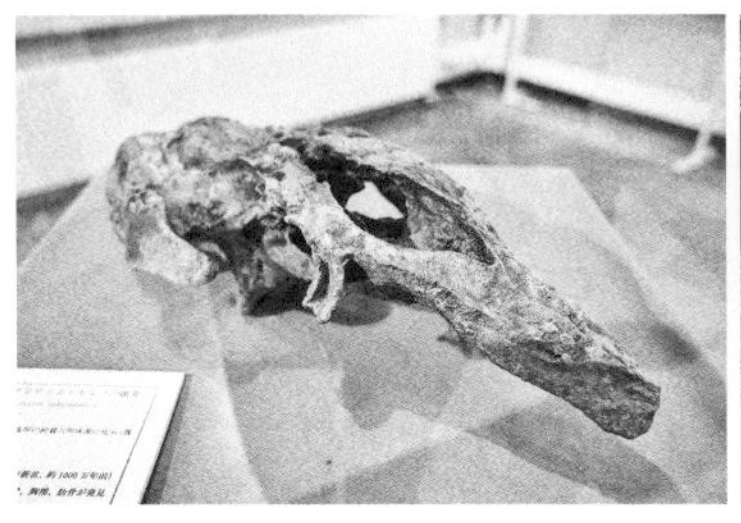

アイヅタカサトカイギュウの頭骨．裏返すと歯槽があり，まだ歯があったことがわかる．地元の元小学校を改装した「カイギュウランドたかさと」(福島県喜多方市)所蔵・展示

沼田町化石体験館が所蔵するヌマタカイギュウの復元模型(左)．一回り以上大きなタキカワカイギュウの肋骨(タキカワカイギュウ沼田標本)も所蔵しており，比較することができる(右，大きいほうがタキカワカイギュウ)

札幌市内の小学生が発見したサッポロカイギュウは，札幌市博物館活動センターが所蔵，展示している．肋骨(実物)と発見部位を示す小型模型．実物大の復元模型の尻尾の部分が背後に見えている

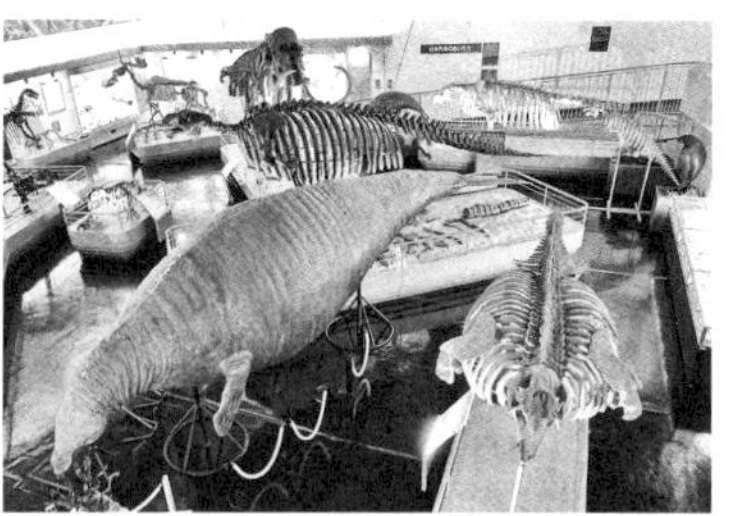

タキカワカイギュウが発見された滝川市の滝川市美術自然館は，「世界一のカイギュウ博物館」と呼べるほどの充実ぶり．左写真で，タキカワカイギュウの骨格復元(上)，生体復元(中)，産状(下)の三通りの展示が見える．右写真では，右下から時計回りにヨルダニカイギュウ，タキカワカイギュウの生体復元と骨格復元，さらにステラーカイギュウとマナティーの骨格が見える

ピリカカイギュウの骨格復元模型は，今金町のピリカ旧石器文化館に併設された文化財保管活用庫に保管されている．復元されたものの中では世界最大級(左)．同保管活用庫には，発掘された化石も所蔵され，さらなる研究を待っている

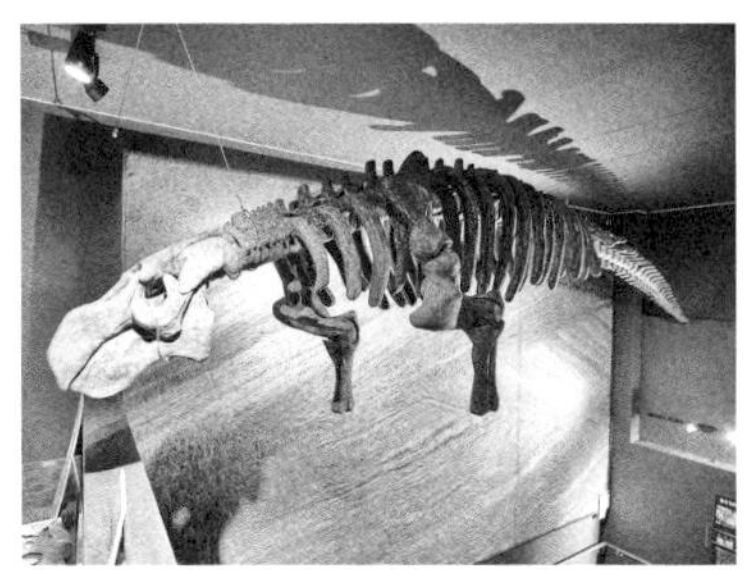

北海道北広島市の標本は，**キタヒロシマカイギュウ**の愛称で呼ばれるステラーカイギュウ．子どもたちがつくった復元骨格模型が，元小学校を改装した「北広島市エコミュージアム知新の駅」で展示されている

第二章

「人為の絶滅」の発見
──一九世紀、ドードー、ソリテアからオオウミガラスへ

アイスランドの聖地巡礼

アイスランドの首都レイキャビクは、海に突き出した小さな半島にできた街だ。

冷たい小雨が降る中、国内線空港近くにある海沿いの遊歩道を歩いていると、波が押し寄せる岩場に人のようなものが立っているのが見えた。

いや、人ではない。

直立しており、大きなクチバシを持っている姿は……ペンギン？

それもありえない。南半球のペンギンが、北極圏も近い北の海にいるはずがない。

とするならば、やはり「北のペンギン」オオウミガラスだろうか。そう考えると、思わず心拍数が上がった。

足を止めて、凝視して、合点がいった。

それは、まさにオオウミガラスだった。

ただし、生きているわけではない。なにしろ、オオウミガラスは一九世紀なかばに絶滅しているのだから。

つい最近、建てられたばかりの立像だった。とてもよくできており、荒天の下、泳ぎ疲れて羽を休めているかのようなさりげない佇(たたず)まいでそこに立っていた(図2-1)。

生きた個体が湾内を泳いでいたありし日を重ね見ざるをえなかった。

北大西洋の島国アイスランドは、地球儀で確認するとヨーロッパよりもむしろグリーンランドに近い欧州の西端に位置する。北欧神話を今に伝える文書群『エッダ』の写本の国として、あるいは九三〇年頃に発足した世界最古の民主議会「アルシング」の国として、さらには活動を続ける火山が形づくった壮大な景観をもつ国として……、様々な面で関心を寄せる人がいる。

自分の場合「オオウミガラス(*Pinguinus impennis*)」が大きな要素だった。

全長約七五～八五センチ、体重五キロ程度の大柄な飛べない海鳥で、かつては北大西洋の沿岸部に広く分布していた。分類学的にはウミスズメ科の一員で、オオハシウミガラス(*Alca*属)やウミガラス(*Uria*属)などの近縁とされる。つまり、北海道のオロロン鳥(ウミガラス *Uria aalge* の地域名)に近い鳥だ。ただし、それらの近縁種よりも大柄で、空を飛ぶことはできなかった(図2-2)。

図2-1　レイキャビクの湾内に設置されたオオウミガラスの立像

図2-2　動物画家ヨン・キューレマンスによるオオウミガラス. 手前が夏羽, 奥が冬羽. 奥に最後の営巣地エルドエイ島が描かれている

ペンギンを意味する*Pinguinus*という属名が与えられ、まさにペンギンのように翼を使って水中を自由に飛び回って魚やイカを捕食した。しかし、実際のところ、「ペンギン」の呼称の元祖はオオウミガラスの方だ。一六世紀にまでには、penguyn(オランダ語)、pengouin(フランス語)、penguin(英語)という呼称があり、その語源には、頭部の白い斑点を指すウェールズ語のpengwyn(penが「頭」、gwynが「白い」)や、ラテン語で脂肪を意味するpinguisなどが候補として挙げられている。[1] 今ペンギンで想起される南半球の海鳥は、姿形がオオウミガラスに似ていたためにそう呼ばれ始めた。そして、オオウミガラスが数を減らし存在感を失う中で、そちらがペンギンとして通用するようになった。

アイスランドには、一八世紀後半以降、激減していたオオウミガラスの最後の営巣地があり、最後のつがいは一八四四年、当時の博物館や収集家からの標本需要に応じた地元漁師によって捕殺された。これは少しでも関心がある者なら知っている悲劇的な史実だ。

オオウミガラスの剝製は八〇体ほどが現存しており、それらは、世界中の博物館などに散っている。一九九〇年代から、ぼくは各地の博物館でそれらを見てきて、いつかはアイスランドを訪ねるつもりでいた。そして、二〇一八年になって、前著『ドードーをめぐる堂々めぐり』の取材の中で、ようやく終焉の地であるアイスランドを訪ねることにしたのだった。

「近代の絶滅」をめぐって、ドードーとオオウミガラスは不思議な縁で結ばれており、実をいうとドードーの取材はオオウミガラスの取材でもあり、オオウミガラスの取材はドードーの取材でもある、というような状況にあった。

それらをつなぐのは、一九世紀の鳥類学者で、ケンブリッジ大学の初代動物学教授だったアルフレッド・ニュートン(Alfred Newton)だ。ニュートンは、年長の親友だったジョン・ウリー(John Wolley, 一八二三～五九)と二人で、アイスランドにおけるオオウミガラスの調査を行った(図2-3)。この調査は、

図2-3　ジョン・ウリー(右)とアルフレッド・ニュートン(左)

「絶滅後」に行われたものだったが、当時はまだ生き延びた個体群があると考えられており、二人はそれを見つけることを大きな目的としていた。二カ月間の旅の中で、主導者だったウリーが厖大なメモを作成したものの、調査の翌年に急死したため、ニュートンがその抜粋を報告することとなった。現在、残されているオオウミガラスにまつわる知識の中で、最良のものがそれに由来する(2)。

さらにニュートンは、一八六〇年代後半からドードーやソリテアといったいわゆる「ドードー類」の研究に時間を費やし、絶滅という現象について考えを深めていった。ニュートンは、「人為の絶滅」「近代の絶滅」の事実上の発見者ともされる。ぼくがアイスランドを訪ねた目的は、ニュートンの思索の足跡をたどりつつ、オオウミガラスの最

後の日々に思いをはせることだった。

羽毛産業で壊滅状態に

オオウミガラスは、数十万年前の旧石器時代から人類との接触があり、おそらくは利用されてきた。イングランド南部の五〇万年前の旧石器時代の遺跡から骨が出土したり、スペイン、イタリア、フランスの洞窟からは、数万年前の新石器時代の洞窟画が見つかったりしている[3]。一方で、アメリカ大陸側でも、先住民たちが、オオウミガラスを食料として、また装飾品として使ってきた考古学的な証拠が多数ある。

近代以前のオオウミガラスの個体数は数百万羽だったと推定されている。営巣地は、魚影の濃い豊かな海に近く、なおかつ、大きな陸地からは離れている岩礁のような島が好まれた。海との行き来がしやすい斜面をもつことが必要条件で、ごく限られた営巣地が知られるだけだった。

北大西洋のヨーロッパ側の個体数は、羽毛の需要が高まった一六世紀なかばには激減したという。アメリカ側でも、一八世紀の後半、羽毛の供給源として従来好まれていたホンケワタガモ(*Somateria mollissima*)が減少したことを機に、オオウミガラスの狩猟が集中的に行われるようになった。最大の営巣地だったファンク島(ニューファンドランド島の東側に浮かぶ孤島)の個体群は、一八世紀末までには壊滅状態になった。

歴史上、もっとも集中的な狩猟があったのはファンク島の営巣地だとされる。次のような証言が、よく引用される。

羽毛を採取するのなら、わざわざ殺す必要はなく、ただ、捕まえてその体からよい羽毛をむしり取ってしまえばよい。そして、半分皮膚を失ってぼろぼろのペンギンを放流し、自然に死んでいくに任せるのだ。これはあまり人道的な方法ではないが、一般的なやり方だ。

この島に滞在している間、常に恐ろしい残酷な行為を行うことになる。生きたまま皮を剝ぐだけでなく、調理のために生きたまま焼いて使う。ケトルの中にペンギンを一羽か二羽入れて、その体の下で火を起こす。この火は、まぎれもなく哀れなペンギンたちから出たものだ。彼らの体は油っぽいので、すぐに燃える。島には薪がない。

（一七九四年のボストン号のアーロン・トーマス（Aaron Thomas）の記録[4]）

営巣地とその周辺の海で、効率重視で羽をむしられ、生きたまま捨てられる。あるいは、生きたまま焚き木のように火をつけられる。

なんともいえない浪費的で、非人道的な殺戮が続けられたことで、オオウミガラスの種としての存続は、風前の灯の状態に追い込まれたのだった。

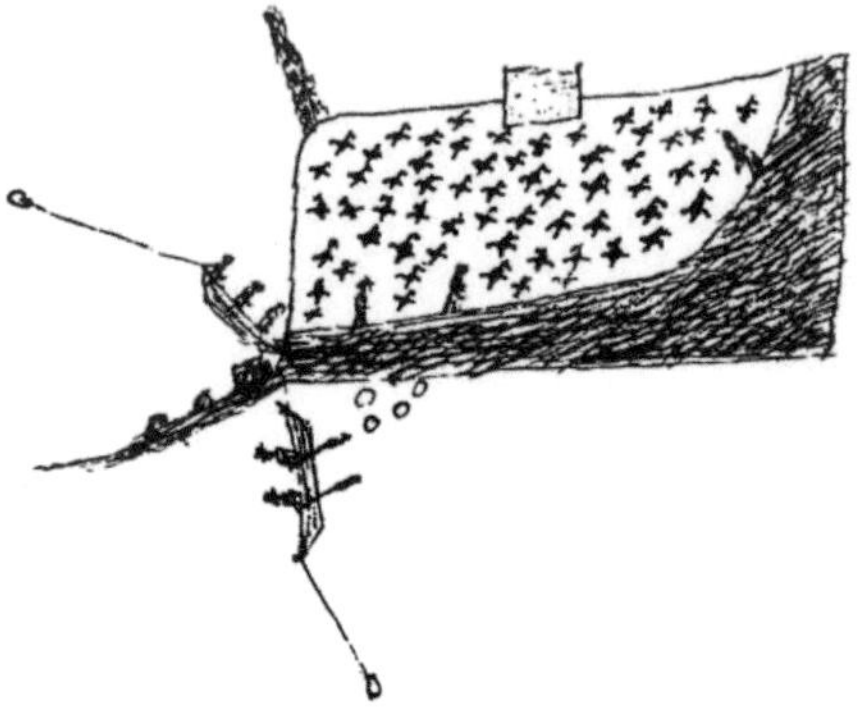

図2-4 「オオウミガラスの岩礁」での捕獲の様子を描いた19世紀のスケッチ

「オオウミガラスの岩礁」からエルドエイ島へ

一九世紀に入ってしばらくたつと、オオウミガラスの営巣地は、アイスランドの沖に浮かぶ岩礁にほぼ限定されるようになる。この時期以降のことは、前出のニュートンとウリーが行った調査によって伝えられる部分が大きい。

ゲェイルフグラスキェル(Geirfuglasker,「オオウミガラスの岩礁」の意味)と呼ばれる、いかにも営巣地であったことを示唆する名の岩礁は、少なくとも三カ所存在した。その中で特に本島南西部レイキャネス半島の三〇キロメートルほど沖合にあるものがもっともよく知られ、捕獲の様子を示すスケッチまで残されている(レイキャビクの図書館に所蔵。図2-4)。

そのスケッチでは、二隻のボートが岩にロープをつないで固定されており、片方には二人、もう片方には三人の漁師が乗っている。岩礁の上の営巣地には六〇羽以上のオオウミガラスが描かれ、その縁には三人の漁師が、間隔をあけて立っている。営巣地の面積は岩礁の半分以上を占めており、島というよりは、本当に岩礁というのがふさわしい、実に頼りない陸地だ。

この岩礁は、近づくこと自体、非常に難しく、漁師たちにとっては命がけの捕獲だったようだ。一七世紀には、オオウミガラスを捕獲しようとして近づいたボートに乗っていた一二人が全員亡くなった悲劇的な事件も伝えられている。

一八三〇年、この岩礁が、火山噴火で営巣地ごと沈んでしまった。オオウミガラスたちは近くのエルドエイ島(Eldey island, 英語読みではエルディ島)に移り、新たな営巣地を樹立した。エルドエイ島は、海が荒く近づきがたいことは同じとはいえ、本島からの距離が一五キロメートル弱とかなり近かった。そのせいもあるのか、捕獲数が跳ね上がった。一八三〇年には、二〇羽ほど、翌三一年には二四羽が捕獲されたという。

拠点となった漁村、キルキュヴォグル(Kyrkjuvogr)では、女性たちがオオウミガラスの皮を剝いで草を詰めたり、卵を吹いて中を空にするなど、標本として出荷する準備を整えた。ニュートンが報告した一八三一年の大量捕獲後の様子を、後に絵画にしたものが伝わっている。一人の女性が皮を剝ぎ、別の女性が大きな卵を手に持って口に近づけて、中身を吹き出そうとしている様子を描いたものだ。女性たちの足元には、他のオオウミガラスが何羽も横たわり、マーブル模様の卵がいくつも転がっている。この絵画は、二〇一七年のアイスランド自然史博物館によるオオウミガラスの特別展「種の根絶、その究極の事例」でキー・ビジュアル

図 2-5　2017 年のアイスランド自然史博物館の特別展パンフレット．ジョン・ウリーの友人だったジョージ・ドゥソン・ローリーと妻キャロラインが 1870 年頃に再現したキュルクヴォグルでの標本づくりの絵が表紙

として採用されて、多くの人々の目に触れた(図2-5)。

もっとも、こういった「繁忙期」は続かなかった。三三年には一三羽、三四年には九羽というふうに減っていき、以降は、まだらに捕獲があるに留まった。そして、最後のつがいが、一八四四年六月、営巣中に捕獲されたというのが、オオウミガラスの絶滅へのシナリオだった。

なお、当時、捕獲された個体はすべて海外に売られたため、地元には一切残らなかった。後々の話だが、これについて痛恨の念を抱く市民が多かったという。一九七一年、ロンドンのオークション・ハウスにおいてアイスランド由来の剝製(一八二一年に捕獲され、デンマークの貴族が保有していた)が出品された際には、地元に取りもどすべく署名活動が起こった。そして、わずか三日で集まった寄付で、鳥の剝製としては当時最高の価格、二一六〇ドルで競り落とすことに成功した。剝製は、アイスランド航空が提供したファーストクラスのシートで一五〇年ぶりにアイスランドに戻り、大歓迎を受けた。

同じ年には、アイスランドで見つかったにもかかわらず、長らくデンマーク王室が所蔵していた『詩のエッダ』の写本も返却されて、国のアイデンティティにかかわるものとして熱狂的に受け入れられていた。第二次世界大戦後に共和国として独立を果たしたアイスランドが、国民意識を高めていく過程に、『詩のエッダ』だけでなく、オオウミガラスの剝製の帰還も寄与したと考えられる。絶滅種はしばしば地元のアイデンティティに結びつくのだが、それは常に「遅すぎる」ものである。

雨の中の立像と「オオウミガラスの書」

レイキャビクからさらに車で南下して、アイスランドの南西端にあたるレイキャネス半島に至ると、灯台のある岬の先端に、また別の彫刻が佇んでいた。荒波の向こう側、沖合の島に顔を向けており、それが、最後の営巣地があったエルドエイ島だ。

岬の先端からのぞむエルドエイ島は、「傾いたプリン」のような特徴的な形をした無人島だ。切り立った絶壁に囲まれており、人を寄せ付けない(図2-6)。

一八四四年六月、地元キルキュヴォグルと周辺の漁師(農民でもある)一四人が八人漕ぎの船で島に近づき、ヨゥン・ブランズソン、シグルズル・イースレイフスソン、ケティル・ケティルスソンの三人が上陸を果たした。そして、営巣中の二羽を捕獲した。先述のジョン・ウリーとアルフレッド・ニュートンが、漁師が存命の間に行った聞き取り調査のおかげで、直接捕獲した者の氏名まで今に伝わっているのである。

図2-6　立像越しに見えるエルドエイ島

ジョン・ウリーは、イギリスの鳥類愛好家、収集家で、鳥類の卵コレクションと研究で知られる。彼は一八四五年、オックスフォード大学でドードーの研究を行ったヒュー・エドウィン・ストリックランド(一八一一～五三)と出会い、ドードーに関心を持った。そして、数を減らしていたオオウミガラスの研究へと進んだ。一八四〇年代後半から調査を始め、一八五八年には、年少の親友で、後にケンブリッジ大学動物学教授職に就いてソリテアやドードーを研究することになるアルフレッド・ニュートンとともにアイスランドを訪れた。その意味で、ウリーも「ドードーとオオウミガラス」をつなぐ人物の一人だ。

ウリーがアイスランドで行った聞き書きやメモは「オオウミガラスの書」(Garefowl books)と題された手書きのノート五冊にまとめられている。それはあわせて九〇〇ページにも及ぶ厖大なものだという。ウリーは、それをいずれ整理して出版するつもりだったが、アイスランド行きの翌年、脳腫瘍をわずらって急逝したため実現しなかった。ノートを託されたニュートンが一八六一年、イギリス鳥学会の学会誌 *Ibis* に抜粋を発表したことで、ようやくその内容が知られるようになった。

オオウミガラスは、ウリーやニュートンが調査をした一八五八年の時点でも、すでに二世紀ほど前に絶滅していたドードーと同様に、科学的な観察という意味で未知の鳥だった。そこで、あわよくばまだ生存しているかもしれないものを見つけようと意気込んでいた。それはかなわなかったものの、実際に見たことがある人たちから、直接、情報を収集しようとした。

多くの人に聞いたところでは、彼らは頭を高く上げて泳ぎ、首は引いていた。決して水面で羽ばたこうとせず、警戒するとすぐに潜った。岩の上では、ウミガラスやオオハシウミガラスよりも直立し、海から遠く離れた場所にいた。彼らは物音には敏感だが、目にしたものには怯えない。時折、低い声で鳴くこともあった。卵を守ることは知られていないが、捕まると激しく噛みついた。歩いたり走ったりするときは小さな短い足取りで、人間のように直立して進んだ。水に入るときには、岩から二尋(ひろ)(fathom)ほど落ちることもあった。最後に、彼らの口の中の色は、近縁種と同様に黄色だったと言われていることを付け加えておこう。

ここで描写される様子は、至近距離で生きたオオウミガラスを見た人たちの証言を直接採録した貴重な記述となっている。陸上を「小さな短い足取りで、人間のように直立」して進む様子は、今、南半球のペンギンを知っているわたしたちにとって、容易に想像できる。

エルドエイ島での最後の捕獲(一八四四年)

ウリーとニュートンは、さらにアイスランド南西部の村キルキュヴォグルを訪ね、一四年前の一八四四年の捕獲に参加した一四人の漁師たちのうち存命の一二人全員に対してインタビューを行った。長くなるが、その部分を抜き出してみる。

一八四四年六月二日から五日にかけてのある晩、ヴィルジャルムル(メンバーの親方)の指示で、八人漕ぎの船でキルキュヴォグルを出発した。翌朝早く彼らはエルドエイ島に到着した。島は断崖絶壁で、ほぼ全周にわたって垂壁だった。高さは最も高いところで五〇~七〇ファゾム(九〇~一三〇メートル)あった。その反対側には、海からかなりの高さまで棚状になった斜面があり(一般に〝アンダーランド〟として知られている)、突然急な崖で終わっていた。

この傾斜面のふもとに唯一、船を着けられる箇所があり、さらにその上の波の届かない部分にオオウミガラスの住処があった。この遠征では三人の男だけがそこまで登った。ヨゥン・ブランズソン〔Jón Brandsson、当時四一歳〕、シグルズル・イースレイフスソン〔Sigurður Ísleifsson、当時二五歳〕、ケティル・ケティルスソン〔Ketil Ketilsson, 本来は Ketill だが、「抜粋」では l が一つ欠落、当時二一歳〕の三人である。四人目が助けに呼ばれたが、上陸が危険と思われたため、拒否した。

三人がよじ登ると、二羽のオオウミガラスが、無数の鳥たち〔ウミガラスとオオハシウミガラス〕に混じって座っているのが見え、さっそく追いかけた。オオウミガラスは侵入者を撃退する姿勢を少しも見せず、頭を立て小さな翼をいくぶん広げながら、すぐに高い崖の下を走っていった。彼らは警戒の声も上げなかった。その動きは、人が歩くのと同じくらいの速さで、一歩一歩の幅は短かった。

ヨゥンは両手を広げて一羽を隅に追い込み、そこですぐに捕まえた。シグルズルとケティルは二羽目を追いかけ、シグルズルが高さ数ファゾムの断崖絶壁になっている岩の端の近くで捕らえた。ケティルは、鳥たちが逃げ始めた棚状の斜面に戻り、溶岩石の上に転がる卵を見つけた。オオウミガラスのものだと彼は知っていた。彼はそれを手に取ったが、壊れていることに気づき、再び下に戻した。近くにもう一つ卵があったかはわからない。これらのことすべてが、言葉にするよりも短い時間のうちに起きた。

風が強くなってきたため、三人は急いで降りていった。鳥たちは絞め殺され、船に投げ入れられた。二人の若者〔シグルズルとケティル〕がそれに続いた。しかし年配のヨゥンは、親方にフック棒でひっかけるぞと脅されるまで船に跳び移るのをためらった。ついにロープが投げられて、彼は波打ち際から引っぱられて船に乗った。「悪魔のような天気だ」と彼らは言ったが、波濤を抜けると問題なく無事に家にたどり着いた。

また、「抜粋」の原本である「オオウミガラスの書」を閲覧した作家エロール・フラーは、彼の決定版的な書籍の中で、上陸した三人のうち、シグルズル・イースレイフスソンの言葉を書き出して、紹介している。[5] つまり、ヨゥン・ブランズソンが一羽目を捕獲した後で、まさに「最後の一羽」を追った人物だ。

シグルズル・イースレイフスソンの証言
岩はウミガラスの群れに覆われ、その中にオオウミガラスがいた。彼らはゆっくりと歩き、ヨゥン・ブランズソンは両手を広げて忍び寄った。ヨゥンが捕まえた鳥は隅に行ったが、私の鳥は崖の方へと行った。それは人間のように歩いた。しかし、素早く足を動かした。私は何尋もある断崖絶壁で、その鳥を捕まえた。ウミガラスが飛び始めた。私がオオウミガラスの首を摑むと、翼をバタバタさせた。鳴き声は出さなかった。私は首を締めて殺した。

これらが、のちのちにあちこちで引用、[6] さらには孫引きされてきたもののオリジナルだ。本書では、行間を想像や脚色で埋めるのではなく、このままに留めることにしたい。

八〇羽の剝製を残して……

また、「その後」のことも、ニュートンは簡単に報告している。

この二羽は、レイキャビクの薬屋が買い取り、まずは画家に絵を描かせた。ウリーとニュートンが訪ねた時点ではまだその絵が残されていたが、鳥類学者の目にはあまり良い出来ではなかったようだ。さらにその後二羽は剝製用に皮を剝がれ、内臓は蒸留酒に漬けた上で、ともにデンマーク・コペンハーゲンの王立博物館に送られた。

一八五二年には、大西洋の西側、ニューファンドランド島沖の海上でも目撃情報があり、それについてもニュートンは言及している。実は現在、IUCN(国際自然保護連合)は、この目撃情報を受け入れており、いわゆるレッドリストにおいてオオウミガラスの絶滅年は一八五二年となっている。しかし、一八四四年の事例は、確実な標本を伴った最後の目撃だったこと、最後の営巣地で最後のつがいが殺されて繁殖の可能性が潰えたと考えられることなどから、やはり「事実上の絶滅」とされている。

もっとも、ウリーもニュートンも、調査の時点では、まだ、オオウミガラスが絶滅した、とは信じていなかった。「オオウミガラスの岩礁」であるゲェイルフグラスキェルが沈み、エルドエイ島の営巣地が壊滅した後でも、付近に連なる岩礁の中で、さらに遠くにあるゲェイルフグラドランガル(「オオウミガラスの直立した岩礁」の意)など、船が近寄りがたいところに別の営巣地があるかもしれないと考えていた。二人は、船を出して確認しようとしたが天候に恵まれず、二カ月間のアイスランド滞在を切り上げた。

ニュートンは、ウリーのノートの抜粋を報告した一八六一年の時点でも、まだ希望を捨てていなかった。しかし、結局のところその願いがかなうことはなかった。オオウミガラスは、八〇羽ほどの剝製、二〇羽ほどの骨格標本、七〇個ほどの卵殻、二羽の内臓を残し、この世から消え去った。

ガラス瓶の中の内臓

さて、それでは「最後の二羽」の標本は、その後どうなったのだろう。

デンマーク・コペンハーゲンの王立博物館に送られたと書いたが、当時、オオウミガラスの標本は、この博物館を経由して様々な別の博物館や収集家に売却されることが多かった。

「最後の二羽」の剝製も、やはり売却された。その後、長年、行方不明だったが、本書を書いている時点では、そのうちオスについてはベルギーのブリュッセルの標本がそうであると確認されている。メスについてははっきりしたことはわからず、最有力候補はアメリカ・オハイオ州シンシナティの自然史科学博物館が持つ標本だ。これらの経緯は後述する。

一方、「最後の二羽」の内臓は、コペンハーゲンにそのまま留め置かれ、一八六四年にコペンハーゲン大学動物学博物館が設立された際、新組織に移管された。さらに一五〇年以上たった二一世紀になっても、一部、展示されて、「近代の絶滅」について訴えかける役割を果たしている。アルコール瓶の中に浮かぶ、二羽分の眼球は、非常に衝撃的なものだ(なお、コペンハーゲン大学動物学博物館は、二〇二二年に閉館し、二〇二五年中に、デンマーク自然史博物館の一部として新たな建物で再開予定。ここでの記述は古い展示に基づいている。図2-7）。

標本を次世代に伝え続ける自然史博物館の役割を十全に果たしているという意味では称賛すべきことだ。しかし、なぜここに標本があるかを思い出すと、複雑な気持ちにならざるをえない。今となっては、絶滅の淵にあったオオウミガラスという種にとどめを刺したのは、博物館や収集家の標本需要だということが明らかだからだ。

図2-7 「最後の2羽」の内臓．収蔵庫に保管されていたもの

「人為の絶滅」の発見と博物学者の責務

数が減っているとわかったときになぜ営巣地を保護しようとしなかったのか。あるいは、動物園などで飼育して繁殖を試みる発想にならなかったのか。そのような疑問は、おそらく現代を生きるわたしたちから見た後付けの発想に基づいたものだ。

当時は、生きものが、それも「種」という単位において、「絶滅」するという現象自体、やっと理解されはじめたばかりだった。[7]

すでに絶滅の象徴として語られつつあったドードーやソリテアも、一七世紀から一八世紀の絶滅後、すみやかに忘れ去られ、一九世紀になって「再発見」された経緯がある。この件については、前著『ドードーをめぐる堂々めぐり』で詳述したが、ここでも最小限の振り返りをしておく。

一九世紀になって、ドードーやソリテアの「再発見」を担ったイギリスのヒュー・エドウィン・ストリックランドが、一八四八年の著作『ドードーとその近縁』[8]において、歴史の掘り起こしを行った。そして、一八世紀当時、モーリシャス島の現地社会で、ドードーという鳥がかつて存在したことすらすっかり忘れ去られていたと指摘した。また、ロドリゲス島のソリテアに至っては、たった一人の人物の手記に登場するだけだったことから、当初から実在を疑われていた。

こういった「文化的記憶喪失」は、現地社会だけでなく、博物学が生物学へと脱皮する時期にあった西洋においても少なからず起きていた。一七世紀、まだドードーが生きていた時代に持ち込まれた個体に由来する標本は、一八世紀中にはいったん見失われた。唯一所在がはっきりしていたのは、イギリスのオックスフォード大学の全身標本だったが、それも、一七五五年、傷んでしまったことを理由に、頭部と脚以外、すべて廃棄された。

一九世紀も半ばになった一八四〇年、デンマーク・コペンハーゲンの王立博物館で、埋もれていたドードーの頭部が見つかり、一八四七年には、プラハのボヘミア博物館で今度はクチバシが発見された。ストリックランドはデンマークを訪ねて王立博物館の標本を見た上で、オックスフォード大学に伝わっていた標本を仔細に調べることで、『ドードーとその近縁』をまとめたのだった(図2-8)。

その冒頭で、ストリックランドは、このように述べる。

〔ドードーやソリテアは〕あまりにも急速にまた完全に絶滅したため、初期の航海士による漠然とした記述も、長い間、作り話か誇張とみなされた。私たちの曽祖父たちとほぼ同時代の鳥である

図 2-8 『ドードーとその近縁』に掲載されたドードー画．1626 年に描かれた全身像を複写した口絵(右)とオックスフォード大学の標本から再現された頭部(左)

にもかかわらず、多くの人の心の中で、古代神話のグリフィンやフェニックスと結び付けられるようになった。

ドードーは実在の野生生物というよりは、想像上のグリフィンやフェニックスに近かったというのである。さらには、今や実在がはっきりした(と同時に、絶滅していることがはっきりした)ドードーやソリテアについて、次のような評価を与えた。

この特異な鳥たちは――今後、Didine〔ドードー類〕と呼ぶことにするが――人間の手によって生きた動物種が絶滅したことを初めて明確に証明した例である。しかし、それ以前にもそれ以後にも、この類の事例は他にもあったことが考えられる。そして現在、多くの動物種や植物種が、絶え間なく進行する人間の人口増加の前に、この必然的な滅亡の過程をたどっている……従って、博物学者(naturalist)の義務として、絶滅した生物、あるいは死滅しつつある生物の生命を保存できない場合、その知識を科学の貯蔵庫に残さなければならないのである。

人類の活動によって生きものが絶滅しうることを指摘し、絶滅しつつある生きものをめぐる博物学者の責務は、「知識を科学の貯蔵庫に残す」ことだとした。この時代、野生動物の観察に基づく科学はまだ体系化されておらず、ここで言及された「知識」とは、生死を問わず標本を残すことと考えてよい。

今ここで起きている絶滅に気づく

ストリックランドの『ドードーとその近縁』が出版された一八四八年は、オオウミガラスの「最後の二羽」がエルドエイ島で捕獲された一八四四年の四年後である。

のちにアイスランドへの調査旅行を敢行するジョン・ウリーは、ドードーに関心をもってストリックランドと対話をしたことをきっかけに、自分のテーマをオオウミガラスに定めた。すでに絶滅してしまったドードーやソリテアとは違って、オオウミガラスはかろうじて生存していると、当時はまだ考えられていたからだ。

一八五八年、ウリーがアルフレッド・ニュートンと共にアイスランド調査を行った際、最も重要な目的は、オオウミガラスの営巣地を見つけることだった。そして、やはり、標本を得ようとしていたことが、「オオウミガラスの書」を丹念に読んだアイスランド人の文化人類学者ギスリ・パルソン(Gísli Pálsson)によって報告されている。自分たちが滞在したのとは別の地域でオオウミガラスが見つかる可能性があったため、ウリーとニュートンは、島をめぐって確認する使者を派遣することにした。その際、もしも営巣地を見つけた場合の指示として、次のような趣旨のことを「オオウミガラスの書」にメモした。「できるだけ多く、この鳥の卵、皮、全身を得るよう努力すべし。もしも一羽だけ見つけた場合は全身を、二羽目を見つけた場合は皮を剝ぎ保存する。七羽まではその順番で繰り返し、八羽目は生きたままにする。さらに多くのオオウミガラスが岩場にいた場合は、その半分を超えない範囲で殺す」[9]。この時点では、ウリーもニュートンも、旧来の博物学者とさほど変わらない姿勢でオオウミガラスの探索をしていたといえるだろう。

一方、遠征から三年後に書かれたニュートンの「抜粋」では、態度に変化が見られる。ニュートンはその中で、オオウミガラスについて研究する意義を次のように語っている。

これは単に鳥類学者だけの問題ではなく、はるかに高度で一般的な重要事項であることを忘れてはならない。オーウェン教授〔後にロンドン自然史博物館の初代館長となるリチャード・オーウェン〕がいうように「現代に起きた部分的、または全体的な絶滅の事例を考察すれば、古代の絶滅の原因を解明し、その真相を示すことができる」のだ。

ここでは、ニュートンの意識は「絶滅」という現象に向いている。と同時に、当時、絶滅という現象そのものが謎に包まれていた、ということも感じ取れる。

もちろん過去に絶滅した生きものがいることはすでに認識されていた。一八世紀末には、フランスの偉大な解剖学者ジョルジュ・キュビエが、マンモスやマストドンなど古代のゾウを研究することで、種が消え去るという意味での「絶滅」に言及していた。[10] また、イギリスでも、一九二〇年代から、メガロサウルスやイグアノドンといった「大型爬虫類」の化石の研究が進み、ついには絶滅した一群の動物として「恐竜」(Dinosaurs)と呼ばれるようになった。しかし、それらの絶滅ははるか昔に起きたことであり、なにか特殊な事情、それこそ「大洪水」などの破局的イベントがあった際に起きる稀な事象だと考えることもできた。

しかし、ここに来て、ドードーやソリテアのような、比較的「最近」絶滅した生きものが「再発見」されたことから、絶滅は、意外にも、人の活動によって急速に起こりうるのではないかという推測がなされるところまできた。そして、オオウミガラスを研究することで「絶滅の原因を解明し、その真相を示す」ことができるかもしれないと考えられたのである。

さらにはニュートンによる「抜粋」の結語に注目したい。盟友ウリーの遺稿をまとめる態度で書かれたこの論文の最後で、彼は自分自身の言葉でこう述べた。

もしもオオウミガラスが再発見されたとしても、すぐに絶滅に至ることは明らかである。したがって、この問題に関係するすべての人に、再発見が最良の結果をもたらすように最大限の努力をするようお願いしなければならない。この点で、私たちがチャンスを逃したら、将来の博物学者は当然、私たちを非難するだろう。

動物園で飼育する？

では、「関係者」は、どのような努力をするべきだとニュートンは考えていたのだろう。「抜粋」のさらに続きの部分にははっきりと示されている。

ただ数個の皮や卵を所持しているだけでは、無きに等しい。私たちの科学はさらなるものを要求する。私たちは後世に、もっと傷みにくい遺産を残しうる。

私は、決して偏った精神ではなく、純粋に知識のために、この件における我が国の〔優位性の〕主張をしなければならない。私たちの首都は、世界で最も充実した動物園をもっている。また、現在も、いや、他のどの時代においても、疑いなく最も優れた動物画家がいる。目下、最も偉大な比較動物学者は、我が国の動物学コレクションを管理する博物学者であるというのが一般的見解だ。最後のオオウミガラスたちにとって、ロンドン動物学協会の庭園〔ロンドン動物園〕ほど相応しい居場所はない。彼らが生きていればヴォルフ氏〔動物画家のJoseph Wolf〕の鉛筆によって不死となり、死してはオーウェン教授の筆になる論文の中で不朽の存在となることだろう。

「オオウミガラスの書」の記述では、まずはオオウミガラスを殺して標本を確保し、八羽目にやっと生きたまま入手しようとしたニュートンが、ここではかなり立場を変えているように読める。できれば生きたまま手に入れて、まずは動物園で飼育すること。

絶滅危惧種を動物園などで飼育すること自体は、今もよくある。例えば、アメリカの絶滅危惧種であるクロアシイタチ、カリフォルニアコンドル、ニュージーランドの飛べないオウム、カカポなどでは、残された個体をすべて捕獲した上での飼育下繁殖が試みられ、成功した。

もっとも、ニュートンは、そのようなことを考えたわけではなさそうだ。

念頭にあったのは飼育下繁殖ではなく、当代随一の動物画家が直接、観察して絵を描く、ということだった。実際、オオウミガラスについては、生きた個体から描かれた絵はほとんど残されていない。一七世紀の博物学者で「驚異の部屋」の所有者、オーレ・ヴォームが飼育したオオウミガラスに由来するものが知られているものの、博物画として優れたものとはいいにくい(図2-9)。一九世紀の博物画技術は非常に高水準で、数々の博物書に正確で美しい博物画を描いたヨーゼフ・ヴォルフ(一八二〇〜九九)のような画家がオオウミガラスを描くことは、たしかに意義のあることだったろう。ちなみに、ニュートンは、オーデュボンの『アメリカの鳥類』に描かれたオオウミガラスが気に入らず、「下手(daub)」「信頼できない専門家」と評した。[11]

図2-9　17世紀の博物学者オーレ・ヴォームの飼育個体から描かれた絵画．生きたオオウミガラスを直接描いたとされる貴重な一葉

さらに、動物園で死ねば、その後、優れた比較解剖学者がすみやかに解剖することができる。素人が皮を剝いで、内臓はアルコール漬けにしたものが、はるばる運ばれてくるのではなく、

まだ新しい死体を、その場で扱うことができるのは間違いなく大きな長所だ。

そういったことが、この時点でニュートンの考えた人類がなすべき科学的貢献だった。「絶滅」がすばやく、また人為で起きることを明らかにした上で、まずは科学的な記述を、そして、標本を、というのはこの時代の基本的な態度だったと考えてよいだろう。

営巣地に保護を訴える

そして、ニュートンは、そこからさらに一歩踏み出す。ウリーとともにアイスランドを訪ねたのが一八五八年、「抜粋」を公表したのが一八六一年だが、その後も、折に触れて考えを深めていく。

その際、鍵となったことが二つあるように思われる。

一つは、チャールズ・ダーウィンとアルフレッド・ウォレスによる「自然選択」による進化理論が提案されたことだ。二人の考えがロンドン・リンネ協会で発表され、リンネ協会の学術誌に掲載されたのは、一八五八年、つまり、ウリーとニュートンのアイスランド調査の年だった。ニュートンは、アイスランドからロンドンに戻った直後に当該号を受け取り、たちまち魅了された。

後年の述懐によると、ニュートンは夜ふかしして読んだ。そして、「そこには、私を悩ませていたすべての難問に対する完璧にシンプルな解決策が書かれていた」と結論した。そして、翌朝「〝自然選択〟というシンプルな言葉で、すべての謎に終止符が打たれたことを意識して目覚めた」[12]のだった。

自然選択による進化を認めることは、絶滅を認めることと表裏一体だ。生物進化の原理として自然選択が働いてきたのだとしたら、有利な形質をもって選択された者たちの背後に、死に絶えた者たちが多くいるはずだと簡単に理解されるからだ。ダーウィン自身は、「ある種が完全に絶滅するのは、一般にその誕生よりもゆるやかな過程だ[13]」として、急激に起きる人為の絶滅については強い関心をもっていなかったようなのだが、アイスランドでオオウミガラスを追い求め、結局は空振りに終わったばかりのニュートンにとっては、まさにそれこそが関心の焦点だった。

さらに、ニュートンが「近代の絶滅」を理解しやすかった点は、ドードーやソリテアなど、すでに絶滅した鳥類とのつながりにも求めることができる。ニュートンの弟であるエドワード・ニュートン（一八三二〜九七）は、ちょうど一八五九年から七七年にかけてモーリシャス島の植民地長官(Colonial Secretary)として赴任しており、ドードーやソリテアの標本を多く兄に提供した。兄ニュートンは、ドードーの標本については、ロンドン自然史博物館の初代館長リチャード・オーウェンに最良の標本を「横取り」される憂き目にあったが、それでも次善のものを手元に得たし、ソリテアについては弟とともに記載論文を出版することもできた[14]。つまり、当時知られていた代表的な「人為の絶滅」の事例を、つぶさに検討する機会に恵まれたのである。

ウリーと一緒にオオウミガラスの調査を行い、まさに現在進行形の絶滅を目の当たりにしていたニュートンは、「自然選択による生物進化」の考えを手にしたとき、まさに今起きている絶滅について強い意識をもたざるをえなかった。そして、当然の帰結のように、「自然選択に由来しない人為の絶滅について予防すべきである」という認識に至ったのだった。これはもはや、ドードー研究者、ストリックランドが提唱したような「知識を科学の貯蔵庫に残す」ことには収まらなかった。

ニュートンは、一八六八年の英国科学振興協会における講演で、動物の繁殖期における狩猟の禁止を訴え、それが翌年の「一八六九年の海鳥保護法」の成立へとつながったことが知られている。「近代の絶滅」が「自然保護」や「種の保存」を指し示し始めた第一歩は、ニュートンが過去の絶滅を理解し、現在進行形の絶滅を認識したこの時代にあるといえるだろう。

一五世紀末までは危機ではなかった

二一世紀になって、ゲノム研究から、オオウミガラスの遺伝的多様性について議論ができるようになった。また、コンピュータシミュレーションを使った個体群存続可能性分析(PVA)を行うことで、どの程度「人為の絶滅」だったかという議論も可能にもなった。

二〇一九年、これらを同時に行った研究が発表され、一九世紀のニュートン以来の「人為の絶滅」をめぐる議論に、定量的な証拠が得られた。内容をかいつまんで説明する。[15]

研究では、まず北大西洋各地一四箇所の生息地に由来する四一羽のオオウミガラスのミトコンドリアゲノムを解読し、更新世後期から完新世、つまりこの数万年ほどの集団構造と個体群の変動を復元した。

結果、四一羽は地域ごとに別の集団を形づくっていたわけではなく、全体として大きな一つの個体群をなしていたことがわかった。これは、GPSによる海流データでも支持される。あくまでも現在の海流ではあるが、スコットランド、アイスランド、ニューファンドランド島の主要な営巣地を海流がつないでおり、北大西洋をぐるりと一周する形で移動できたと考えられるからだ(図2-10)。

また、四一羽のうち同じミトコンドリアのタイプ(ハプロタイプ)をもっていたのは一組、二羽だけにすぎず、きわめて多様性に富んでいた。もっとも、これらの多様性が獲得される以前に、一度、おそらくは数万年前に極端に個体数が減る厳しいボトルネックを経験しており、それは人類の影響よりも、更新世後期の気候変動によるものだろうと考えられる。しかし、その打撃から回復すると、その後は絶滅に至る時期まで多様性を減少させることがなかった。つまり、ヨーロッパ人によるオオウミガラスの産業利用が始まった一五世紀末の時点では、まだ絶滅の危機に瀕していたわけではなかったと推測できる。これが、この論文の前半部分の最大の主張だ。

これが正しいとすると、オオウミガラスが絶滅に至る減少はヨーロッパ人と出会った後の三五〇年間で急激に起きたことになる。具体的にどのようなイベントがオオウミガラスを追いつめたかというと、その最有力候補は、当然のごとく、集中的な狩猟だ。

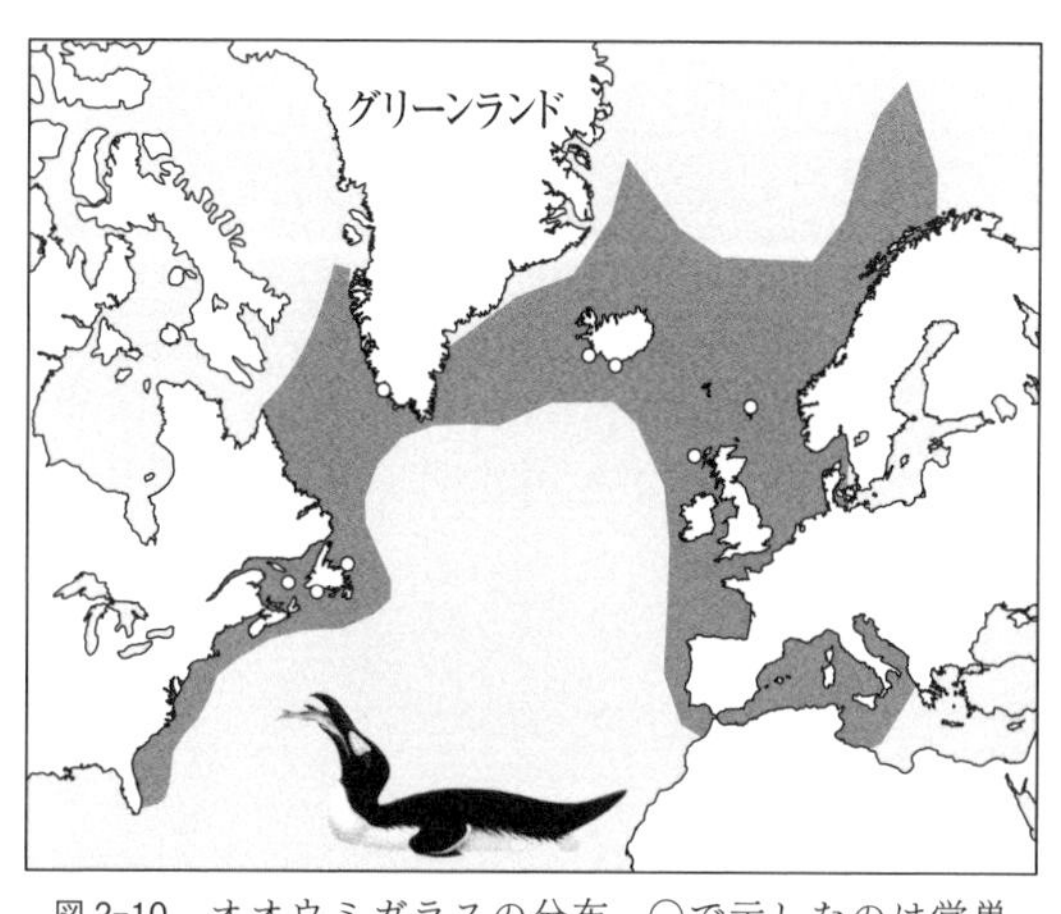

図2-10　オオウミガラスの分布．○で示したのは営巣地があったとわかっている場所．地中海やフロリダの分布は有史以前の古いもの

絶滅をシミュレーションする

論文の後半部分で、研究チームは、オオウミガラスの個体群の存続可能性分析を行っている。これはコンピュータの中で、単純化した個体群を再現し、どのような条件で絶滅しうるかシミュレーションを繰り返して確かめるものだ。

この論文では、初期の個体数をまず二〇〇万羽として、その半分が成鳥で、雌雄比が半々、かつ、全雌雄がつがいとなり、卵もすべて孵化して巣立つと想定した。現実的にはありそうにない繁殖の効率だが、毎年どれだけの捕獲があれば三五〇年以内に絶滅させるのに十分かを試算することが目的なので、想定上の個体群に理想的な属性を与えている。もしも現在生きている野生動物に対して、持続的に狩猟可能な個体数を知るためなら、逆に、確実に絶滅させずにすむ安全性を見込んで厳しい繁殖率や死亡率を採用することになる。そもそも分析の目的が違うことに留意したい。

さて、シミュレーションを繰り返した結果は、毎年二一万羽を捕獲し、卵の五パーセントに相当する二万六〇〇〇個ほどを奪ってしまえば、三五〇年後には確実に絶滅するというものだった。毎年二一万羽というのは大きく感じるが、論文によれば十分可能な数だという。

例えば、最大の営巣地があったニューファンドランド島沖のファンク島付近で操業した二隻の漁船が、三〇分間に一〇〇〇羽のオオウミガラスを捕獲した記録があるという。そして、この海域には一六世紀初めから毎年三〇〇~四〇〇隻の漁船が訪れていた。四〇〇隻の漁船が三〇分捕獲しただけで二〇万羽にもなる計算だ。羽毛産業のためにファンク島に狩猟者が繁殖期に常駐した時代には、さらに多くが殺されただろう。

なお、繁殖成功率をもっと現実的なばらつきをもったものに変更してシミュレーションしたところ、年間に許される捕獲数は四万羽にまで減少した。そのようなことから、研究チームは、三五〇年間の狩猟はオオウミガラスを絶滅させるのに十分すぎたと結論した。オオウミガラスの絶滅が、人為による急速なものだというニュートンの「発見」は、二一世紀のゲノム科学と情報技術によって再確認されたことになる。

前章のステラーカイギュウとの違いも考えておこう。ステラーカイギュウは、遺伝的な多様性が低く、また、地理的にも極端に狭い範囲に押し込められていた。あと何度か環境変動があり、それらが不利なものだったりすると、すみやかに絶滅した可能性がある。一方、オオウミガラスは、北大西洋全域というはるかに広い範囲に分布しており、それらが分断されてもいなかった。つまり、近代的な装備で大量捕獲され続けなければ、当面は存続できた可能性が高い。同じ「人為」の絶滅であるにしても、その点で大きな違いがありそうだ。

「最後の二羽」の行方

さらに、この研究で行われたミトコンドリアゲノムの解読は、もっと個別のこんがらがった歴史の謎を解明することにも役立つ。

一八四四年に捕獲された最後の二羽の剝製は、長らく行方不明になっていた。ならば、世界中に八〇羽分ほど現存する剝製の中で、コペンハーゲン大学の動物学博物館に保存されている二羽の内臓から得たゲノムと一致するものを見つければよいのではないか。剝製の履歴などから「一八四四年の捕獲」の可能性があるものは四、五羽に過ぎないので、それらの中で、二羽の内臓とミトコンドリアゲノムが一致するものがあればよい。

というわけで、二〇一七年、先に紹介した研究チームが「最後の二羽」にまつわる謎にも挑んだ。[16] 履歴上、可能性があるのはブリュッセル(ベルギー)、ロスアンゼルス(米国)、ブレーメン、キール、オルデンブルク(いずれもドイツ)の剝製だ。これら計五羽分のミトコンドリアゲノムを分析したところ、まずはブリュッセルの剝製のものが一八四四年のオスの内臓と一致した。つまり、最後の一ペアの片割れだったということでよさそうだ。

図 2-11 「最後の 2 羽」のメスの可能性がある，シンシナティ自然史科学博物館の標本と筆者

一方、他の四標本については一致するものがなかった。履歴上最有力とされていたロスアンゼルス標本が、「最後の二羽」ではなかったことについて、関係者の間には静かな衝撃が走った。

そこで、研究チームが過去の記録を洗い直したところ、二〇世紀の半ば、ロスアンゼルス標本を含む四つの標本を所蔵していた収集家の没後、コレクションが売却される前に履歴の取り違いが起きた可能性が明らかになった。そのときに標本が入れ替わっていたとしたら、メスの候補はロスアンゼルス標本ではなく同じく米国のシンシナティ標本ということになり、目下、確認作業中だ。

二〇二二年、次章で描くリョコウバトの痕跡をたどる旅の途中でオハイオ州シンシナティを訪ねる機会があり、市内の自然史科学博物館の収蔵庫でその剝製を見せてもらった。キュレーターのヘザー・ファリントン自身が、剝製の脚の裏から試料を採取して研究チームに送ったという。そのミトコンドリアゲノムのタイプが最後のメスと一致すれば、オオウミガラスの絶滅に関心を抱く者たちの長年の「探しもの」が見つかったことになる。有史以前から続く、ヒトとオオウミガラスの関係の終章の一端がここにあるかと思うと、名状しがたい気分にならざるをえなかった(図2-11)。

第三章

現代的な環境思想の勃興
——二〇世紀、生きた激流リョコウバト

数十億からゼロへ

一七世紀のドードーやソリテア、一八世紀のステラーカイギュウ、一九世紀のオオウミガラスと事例を追ってきた。その中で、生物の種が人間の手によって消え去るという現象をわたしたちが理解し、それを避けるべきだという考えが生まれるのを見た。

続く二〇世紀、ここまでの手痛い教訓を活かして、「人為の絶滅」を制御できるようになったとしたら、わたしたちは「歴史に学んだ」といえただろう。しかし、実際のところは、そう簡単にはいかなかった。

それどころか、「近代の絶滅」の中でも、とりわけ際立った大惨事といえるリョコウバトの絶滅が起きる。数十億羽もの個体数を誇り、おそらくは同時代の鳥類で最も繁栄していたリョコウバトが、わずか数十年の集中的な狩猟の末に絶滅したことは、格別の悲劇性を感じさせてやまない。

最後の一羽とはっきりわかっている個体が動物園で飼育され、その死亡とともに絶滅が確定すると

いう、劇場的なセッティングで注目を集めるのも、史上はじめてのことだった。鳥類学の素養をもつ者が、野生での振る舞いを観察して記録に残したという点でも、最初の事例かもしれなかった。

そういったことから、この絶滅が北米において野生動物に関心をもつ者たちに与えた衝撃は、とても大きなものだった。現代につながる環境思想の一部も、リョコウバトの喪失の痛手を源流にしているかのようにも思える。

この章では、野生動物としてのリョコウバトを素描し、絶滅への道のりを概観した上で、その絶滅がもたらしたものを考える。(1)

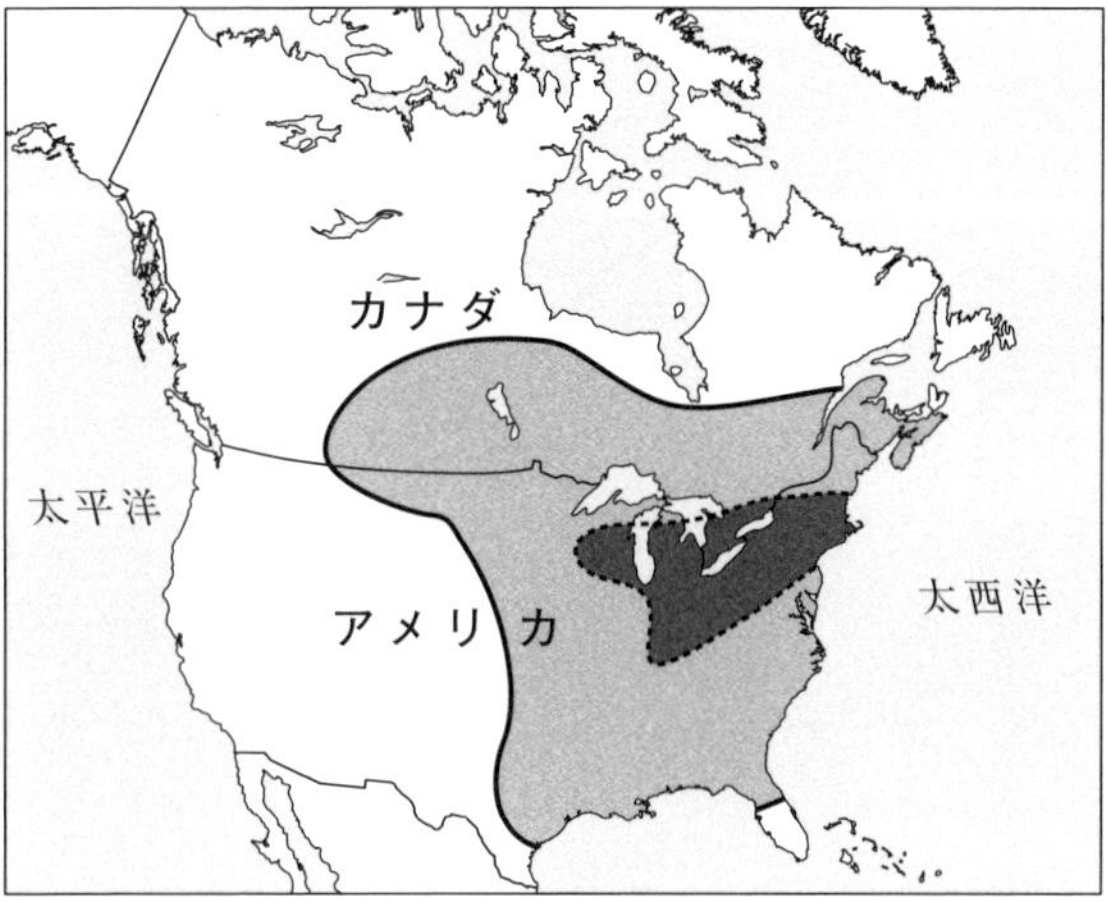

図3-1　リョコウバトの目撃と営巣範囲．▒に目撃記録，■に営巣記録がある

大柄で見栄えのする「放浪者」

リョコウバトは、一九世紀後半まで北米で普通に見られたハト科の鳥で、いわゆる中西部から東海岸までの地域を、大きな群れで移動しながら暮らしていた。行動範囲は、南はテキサス州、北はカナダのケベック、オンタリオ、マニトバ、サスカチュワンの各州にまで及んだ(図3-1)。リョコウバトの一般名は、英語でも「旅するハト」(Passenger pigeon)だし、学名(*Ectopistes migratorius*)は、

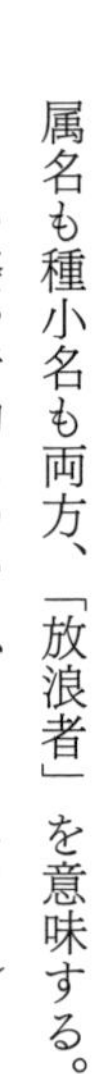

図3-2　ウィルソン『アメリカの鳥類学　第5巻』に描かれたリョコウバト

属名も種小名も両方、「放浪者」を意味する。

その姿や行動について、よく引用されるものとして、J・J・オーデュボンの『アメリカの鳥類　第五巻』[2]（一八四二年）の中のリョコウバトの項目がある。もっとも、その記述には明らかな間違いもあり、先行文献と重複する部分も多い。むしろ、オーデュボンに先立つアレクサンダー・ウィルソンの『アメリカの鳥類学　第五巻』[3]（一八一二年）の方が、自らの目で見たものをそのまま伝えてくれている信頼感があるため（図3-2）、ここではウィルソンの説明を引用する。まずリョコウバトの外見について。

> リョコウバトは全長四〇センチ、翼の差し渡し六〇センチ。目は鮮やかな炎のようなオレンジ。クチバシは黒く、鼻孔は高く丸みを帯びた隆起に囲まれている。眼窩とその周囲は紫がかった肉色の皮膚である。頭部、首の上部、顎は、美しい灰青色で顎が最も明るい。喉、胸、側面、大腿部までは、赤みがかったヘーゼル。首の下部と横の部分は、同じ輝きのある色で、光の状況によって、金、緑、紫がかった深紅などに見える。それらの中で、紫がかった深紅が優勢である。

日本でよく目にするカワラバトは、クチバシから尾羽の先までの全長三〇～三五センチくらいなので、リョコウバトはこれより一回り大きかったようだ。また、配色としては、ハトの中ではかなり派手だったと読み取れる。カワラバトも首の周りに緑や紫にも見える金属光沢をもつが、リョコウバトの標本に見られるのは、もっと複雑な「金、緑、紫がかった深紅」だ。また、胸や腹の「赤みがかったヘーゼル」は、「明るい赤銅色」「茶色がかったオレンジ色」とも表現できる、かなり派手な色合いだった。なお、この記述はオスについてのもので、メスは少し小さく色あいがやや落ち着いていた。
いずれにしてもハトとしては大柄で、色も見栄えがするものだったといえる。

「生きた激流」

しかし、リョコウバトという種の特徴は、一羽一羽の見た目よりも、巨大な群れとして行動するという部分にあった。ウィルソンは、拠点としていたケンタッキー州で目撃した驚くべき光景を描写している。

ベンソンという小川の脇の開口部まで来ると、そこからは視界が開け、彼らの姿に驚かされた。銃弾の届かない高さで、何層にも分かれて、しかも互いに接近して、安定した速さで飛んでいる。右から左へ、限りなく、見渡す限り、どこもかしこも同じように密集しているように見えた。この光景がいつまで続くのか気になったので、私は時計を取り出して時刻を記録し、座って彼らを観察した。午後一時半だった。一時間以上座っていたが、この凄まじい隊列は減るどころか、むしろその数と速さが増しているように見えた。夜までにフランクフォートに着きたいと思った私は、立ち上がって出発した。午後四時頃、フランクフォートに着いてケンタッキー川を渡るとき、頭上には、同じように夥しく広大な、「生きた激流」が広がっていた……。

「生きた激流(living torrent)」という表現は、視覚的な喚起力が強く印象的だ。ウィルソンは別の機会に、さらにじっくりと観察し、もっと詳しく描写した。

図3-3　リョコウバトの大群を銃で撃ち落とそうとする人々．1発で何羽も落とすことができたという．1875年の週刊誌に描かれた，ルイジアナ州での様子

空中で大きな群れがいくつかに分離する様や、さまざまに変化していく様は、驚くほど絵画的で興味深い。二月に自分でオハイオ川を下ったとき、私はしばしば漕ぐ手を休めて、彼らの空中での行動を観察した。長さ八〜一〇マイル〔一マイルは約一・六キロメートル〕の隊列がケンタッキー州から現れ、空高く、インディアナ州へと向かっていく。大群の先頭集団は、しばしば徐々に進路を変え、その結果、直径一マイル以上の大きく曲がった屈曲が形成される。後続集団は先行集団の進路を正確になぞる。これは両端が見えなくなるまで続くこともある。その全体が輝かしくうねりながら、天空に巨大で荘厳な川の流れを描き出す。

わたしたちは、例えばガンが夕暮れに飛ぶときに、形づくられる隊列に目を奪われる。リョコウバトの場合、それがとにかく数の威力となって視界を覆った(図3-3)。

さらに、頭上を飛んでいるときには、「ガラスのように滑らかだった水面に、糞の落下によって無数のさざなみが立ち、まるで大粒の雨や雹のように降り始めた」そうだ。もはや、リョコウバトの群れは気象現象だった。今も北米の空を飛んでいたら、天気キャスターはリョコウバトの群れの動きを追跡、予測し「今日の天気は、晴れのちリョコウバト」「本日のリョコウバト確率は三〇パーセント」などと予報しただろう。

その数、二二億羽！

では、リョコウバトの群れはどれくらいの個体数だったのか。ウィルソンの時代から議論されていて、彼自身、前述のケンタッキー州での経験をもとに、簡単な計算を行っている。

まず、リョコウバトの飛行速度は、時速六〇マイル程度だとされている。とても力強く速く飛ぶことは様々な観察者が証言しており、これはありえないことではないと今でも考えられている。

それが、一マイルの幅で、四時間にわたって頭上を通過したのだから、長さは二四〇マイルになり、地上から見上げたときに広がる面積は二四〇平方マイルだ。単位面積一平方ヤード〔〇・八平方メートル程度〕に三羽含まれるとして、それが二四〇平方マイル分あるのなら〔一平方マイルは三一〇万平方ヤードほど〕、結局、二二億羽もの個体が含まれていたことになる。

にわかには信じがたい数字だが、その後、多くの人が、様々な群れについて個体数を試算して、数億、数十億という数字を示した。最大では三七億羽〔一八六〇年、カナダ・オンタリオ州のフォート・ミシソーガ〕、というものもある。ウィルソンの試算は、十分にありえるものだとされている。

破壊者としてのリョコウバト

リョコウバトは、このように大きな群れをなして、ブナやオークの実を求めて北アメリカの中西部から東海岸を移動した。巨大な群れで動くがゆえに、滞在した地域に大きな影響を与えざるをえなかった。ねぐらとなった森の状態はこんなふうに描写されている。

木の実が豊富な季節には、それに応じたハトたちがやってくる。ある広大な地域のブナの木の実を食べ尽くした後、おそらく六〇〜八〇マイル離れた場所に別の場所を発見し、毎朝、定期的に訪れ、その日の日中や夕方に、ねぐらと呼ばれる集合場所に戻ってくることがしばしばある。これらのねぐらは常に森の中にあり、ときには広大な区域を占める。彼らがしばらく滞在すると、驚くべき状態になる。地面は数インチ〔1インチは二・五四センチメートル〕の高さまで彼らの糞で覆われ、柔らかい草や背の低い草はすべて破壊され、地面には、群がった鳥たちの重みで折れた大きな木の枝が散乱している。また、樹木そのものも、何千エーカー〔一エーカーは約四〇〇〇平方メートル〕にもわたって、斧で枝を切り裂かれたように完全に朽ちていた。この荒れ果てた痕跡は、何年もたった後でもそれとわかるものだった。

こうやって見てくると、リョコウバトは、個体としてではなく、集団としての振る舞いにこそ本質的な特徴があったとはっきりわかる。「生きた激流」をなした群れには、まさに環境を改変する力があった。生態学的な解釈としては、当時の北米の森林を更新する役割を担っていたとされる。

ヒナを「収穫」する方法

では、リョコウバトはどのようにして絶滅に至ったのだろうか。

有史以前から先住民の狩猟の対象になっていたが、ヨーロッパ人の入植後はさらに多く、そして組織的に捕獲された。ウィルソンは、前掲書の中で、最も珍重されたヒナの捕獲について報告している。まず、営巣地は「数マイルの幅でほぼ南北方向に森を貫き、四〇マイル以上〔六四キロメートル以上〕続いている」という長大なものだった。リョコウバトはなぜか、このように細長い形で営巣地をつくることが多かった。そして、そこで、数億から十億の単位のペアが営巣したとされる。一度の営巣で産む卵は一つだけで、ヒナが十分に成長すると、営巣地はそのまま狩りの場となった。

ヒナは、非常に太っているので、先住民も白人の多くも、バターやラードの代用品として、脂肪を融かして家庭用に使う習慣がある。……ヒナが成長すると、巣立ちの前に周辺の地域から人々が、荷車、斧、ベッド、調理器具を持ってやって来て野営する。ヒナを得るために木を伐採して、その結果、一本の大きな木から二〇〇羽のヒナを得ることがあった。ヒナの大きさは成鳥とほとんど変わらず、脂肪の塊のようだった。一つの巣にいるのは一羽のヒナだけである。

一本の木から二〇〇羽というのは、まるで果実の収穫のようだ。実際、ヒナの捕獲は、日中に地上から接近できるため、手軽に行えたらしい。

成鳥を罠にかける

一方で、成鳥をまとめて捕獲するためには、ライフルなどで撃つ、夜にねぐらを襲う、大掛かりな罠を使うなどの工夫が必要で、特に罠を使う方法が効率的だった。ウィルソンは、囮(おとり)のハトを使った罠猟法を紹介している。

ハトがたくさん飛んでいることが町で確認されると、古い麦畑の中にある開けた高台など、適当な場所に網を広げた。そして、まぶたを縫い合わせた四~六羽の生きたハトを可動式の棒の上に固定した。三〇~四〇ヤード〔一ヤードは約〇・九一メートル〕離れて、猟師が潜む木の枝の小屋があった。紐を引っ張ると、ハトがとまっている棒が上下し、地上に降りるときと似た羽ばたきをみせる。通り過ぎる群れがそれに気づくと、素早く降下してきて、落ちているトウモロコシや麦などを見つけて食べ始めた。そこで、〔別の〕紐を引くとハトたちは網に捕らわれた。このようにして、一回で三〇ダースも捕獲したことがある。

ウィルソンが目撃したのは一九世紀はじめの捕獲法だ。囮になったのは、ストゥール・ピジョン(stool pigeon)と呼ばれる生きたリョコウバトで、猟のときには目を縫い合わせて視界を奪って使われた。罠にかかった成鳥は、荷車で近隣の町の市場に送られた。「一ダースあたり五〇セントから二五セント、さらには一二セント」で販売されたという。決して高価ではなかったようで、鳩は「朝昼晩と食卓にのぼり、その名前を聞くだけで気持ち悪くなるほどだった」とされる。この時点では、大都市ではなく地元都市で消費されていたということを覚えておこう。

ビル・ショージャーの貢献

ここまで一九世紀はじめのウィルソンの記述を見てきた。さらにその先、リョコウバトが絶滅に至る一九世紀後半を知るために、必ず参照しなければならないのは、アーリー・ウィリアム・ショージャー(Arlie William Schorger, 一八八四〜一九七二、一般にはビル・ショージャーとして知られる。図3-4)の『リョコウバト、その自然史と絶滅』[4](一九五五年)だ。

ショージャーは化学者、ビジネスマン、さらには鳥類学者でもあった。詳しくは後述するので、ここではリョコウバトの絶滅後に記録を収集して、今に伝えた人と理解してもらえればよい。この先、ショージャーに依拠しつつ述べていく。

まず、一九世紀後半のはじまりの時点では、リョコウバトの群れは、まだ凄まじい個体数を維持していた。先に触れた一八六〇年、カナダ・オンタリオ州のフォート・ミシソーガの群れは、早朝から夕方に至るまで、一四時間にわたって延々と町の上を通り過ぎた。控えめに見積もっても三七億羽に達したと、ショージャーはウィルソンに倣って試算している。

図3-4　アーリー・ウィリアム（ビル）・ショージャー．by courtesy of University of Wisconsin-Madison

その三〇年後の九〇年代には、ほぼ野生絶滅に至る種が、この時点ではまだ少なくとも数十億羽いたらしいというのは重要な事実だ。

電信網と鉄道網

その後、リョコウバトを見舞った悲劇の背景にあった社会的な変化としてよく言及されるのは、電信網と鉄道網の発達だ。電信網によって、情報が即座に、確実に伝わるようになり、鉄道網によって職業的な狩猟者の素早い移動と、大都市への迅速な出荷が実現した。地元農民のサイドビジネスとしてせいぜい近隣の地方都市で消費されるだけだったものが、一九世紀後半には、大量捕獲、大量消費を前提にした産業となる。

図 3-5　1881 年頃に描かれた生きた囮と罠を使った捕獲法の一例．トラップ射撃大会用に生きたまま出荷する方法も描かれている．by courtesy of Julian Hume

利用法としては、食肉の他にも、羽毛製品（リョコウバトの羽毛布団は、健やかな睡眠をもたらし寿命を延ばすと信じられていたという）、トラップ射撃（クレー射撃の前身）の的などがあった。ちなみに、トラップ射撃は、一八七〇年代には非常に人気があるスポーツだった。一大会ごとに、数万羽ほどの状態のよい生きたリョコウバトが的として消費され、一八八〇年代にハトを入手するのが次第に困難になってからは、円盤状の「陶器のハト」（clay pigeon）を使うようになったのだという。

さて、一八七八年、ミシガン州ペトスキーでの大営巣には、五年前に開通したばかりの鉄道を使って全国各地から五〇〇〇人ものプロの猟師が集まった。罠は以前より洗練されており、一網での捕獲数として、最大三〇〇ダース、つまり三六〇〇羽が記録されている。また、三人編成のチームが、一シーズンに五万羽以上を捕獲したという数字も伝わっている（図3-5）。

大量捕獲されたリョコウバトの用途の多くは、やはり食肉で、即座に鉄道で、シカゴやデトロイトなどの近隣大都市、さらには、ニューヨーク、ボストンなどの東海岸の大都市へと出荷されていった。

営巣規模が大きくなった理由

ショージャーが集めた営巣記録を見ていると、野生絶滅が近づいてきた一八七〇年代に、むしろ大規模なものが増えているという不思議な現象に気づく。これは、利用可能な森林が減り、一箇所に集中するようになったからだと理解されている。先に紹介したミシガン州ペトスキーでの一八七八年の大営巣は、従来「史上最大」とされていたものだ。

ところが、ショージャーが地方紙の新聞記事の情報などをつなぎ合わせて確認したところ、一八七一年のウィスコンシン州キルボーンシティ(現ウィスコンシン・デルズ)周辺の集団営巣の方が大きかったとわかった。営巣地は幅一〇キロメートルほどの細長い帯状で、真ん中辺りで屈曲してVの字を描きながら、合計二〇〇キロメートル以上にわたって連なった。

まっすぐ伸ばせば、東京と静岡県浜松市間、あるいは大阪と広島県尾道市間に相当する距離だ。両端の地域の人たちは、同じ巨大営巣地の一部になっていたとは気づいていなかったという。また、その面積(二〇〇〇平方キロメートル)を考えると、東京都の総面積(二一九四平方キロメートル)に近く、実に壮大なものだった。ショージャーは集まったリョコウバトの数を、一三億六〇〇〇万羽と推定した。

絶滅に向けて

大きな営巣が続いた七〇年代と比較して、八〇年代の営巣はずっと小規模で、狩猟者が入ると巣を放棄する行動も目立ち始めた。狩猟者は、利益を出せないこともあった。さらに九〇年以降は、集団で行動するリョコウバトを見ること自体が珍しくなった。九四年にウィスコンシン州で一五〇羽ほどが目撃されたのは、例外的に大きな群れで、それを最後に集団と呼べる目撃はなくなる。

やがて各州で「最後」という形容がついた目撃記録が連なるようになった。ショージャーは、確認可能な標本があるものを「最後」の要件にしている。リョコウバトが単独や小集団で行動するとき、同所的に分布するナゲキバト(*Zenaida macroura*)とよく間違われたからだ。ナゲキバトの剝製がリョコウバトとして報告され、実際に専門家が見てはじめて間違いがわかることも多かった。一九五年だけでも、ネブラスカ州、ウェストバージニア州、ミネソタ州などで、それぞれの州における記録上の「最後のリョコウバト」が、確認されている。そして、一九〇〇年、オハイオ州で撃たれたメスが「野生の最後の一羽」とされた。剝製作成時、眼に使うガラスがなく、ボタンで代用したことから「ボタン」という愛称で呼ばれる有名な個体だ。ただし、二一世紀になってから、一九〇一年にイリノイ州で撃たれたオスの剝製がみつかり、今ではそれが「野生の最後の一羽」とされている。

野生での姿が見られなくなった後も、しばらく人々はあの巨大な群れが消え去ったとは信じられず、どこに行ってしまったのか訝しんだ。超一流の科学誌である「サイエンス」、アメリカ鳥類学会誌「オーク」、カリフォルニア州の鳥類学会誌「コンドル」などでも、「迫害を受けた東部を脱して、アリゾナ州の砂漠地帯に移動した」「ワシントン州のピュージェット湾の東側の平原にいる」といった議論が大真面目に論じられた。そして、「すべての鳥類愛好家は、この素晴らしい鳥がついに迫害者〔東部の人々〕を出し抜き、真のアメリカの自由の精神をもって、西進することで〔種の〕寿命を延ばしたことを知って喜ぶだろう」とされた。一般社会ではさらに話がエスカレートして、「太平洋をわたってオーストラリアやアジアに向かった」「鳥類学者の目を欺いて別の形に進化し、以前よりもずっとゴージャスな羽をもち、コロンビアのジャングルで暮らしている」とまで語られた(5)。

これらがまったく真実ではなかったことを、人々はやがて知ることになった。野生のリョコウバトは、もうどこにもいなかった。そして、一九一四年九月一日、シンシナティ動植物園で、「飼育下での最後の一羽」として有名だったマーサが亡くなったとき、リョコウバトの絶滅が確定した。それは、日付、時刻がほぼ正確にわかっているはじめての生物種の絶滅となった。

絶滅後一世紀の痕跡をたどる

一九一四年に飼育下の最後の一羽が亡くなったリョコウバトは、二〇一四年に絶滅一〇〇周年を迎えた。ぼくは、その前年の二〇一三年頃からリョコウバトゆかりの地を訪ねるようになり、二二年にはコアな営巣地となった中西部をめぐる「聖地巡礼」にもでかけた。その中のよりすぐりを紹介したい。

図3-6　トロントのロイヤルオンタリオ博物館が所蔵する大量の標本

まず、一八六〇年に観察史上最大の三七億羽の群れが訪れたカナダ・オンタリオ州には、現在も、リョコウバトの「最大の群れ」がいると指摘したい。州都トロントのロイヤルオンタリオ博物館は標本を一五〇羽分所蔵しており、これは世界のどの博物館よりも多い。収蔵庫では棚を五段使って剝製を保管していた。タグを見ると、三七億羽といわれる一八六〇年の群れに由来するものもあった(図3-6)。

ポーズを取っている状態の標本が多いのも特徴だ。この博物館では、かつてリョコウバトの群れを再現するジオラマを展示していた時期があり、これらの剝製を本当に一つの群れに見立てて、見せていたという。

図3-7　上から，ペトスキーでの狩猟の様子を描いた絵，ヒナ猟に使われていた先端が平らな矢，木製の囮．ペトスキーのリトルトラバース歴史博物館所蔵

ペトスキーの大営巣地

一八七八年の営巣と狩猟の舞台となったミシガン州ペトスキーは、ヒューロン湖と接続するマキノー水道に近い湖畔の瀟洒（しょうしゃ）な町だ。地域の文化的中心地として共同体意識が強い土地柄だという。すでに廃線となった鉄道の駅をそのまま使ったリトルトラバース歴史博物館では、二〇一四年に開催されたリョコウバト絶滅一〇〇周年特別展の名残を見ることができる。ペトスキーでの捕獲をテーマにした大きな絵画では、プロの罠猟師ではなく地元民が森に入ってヒナを捕獲するシーンが描かれていた。木を切り倒すだけでなく、先端が平らな矢を使って、巣やヒナを落とす方法が取られていたという。実際に使われた矢や、木製の囮なども保管され、展示されていた（図3-7）。

また、ここがかつて通信施設を併設した駅舎だったということも、昔日に思いを馳せることができる大きな要素だった。ペトスキーの大営巣は、この町に鉄道が開通してからわずか五年後の出来事だったことを思い出そう。当時の鉄道駅は、そのまま電信網の一翼を担う通信施設でもあることが多かった。リョコウバトが営巣を開始したとの報はこの駅から全米に放たれ、それを聞きつけた狩猟者がこの駅にやってきた。そして、捕獲したリョコウバトのかなりの部分をこの駅からデトロイトやニューヨークといった大都市に出荷した。つまり、リョコウバトの大量捕獲、大量消費をうながしたワンセットの技術が凝縮されているのが鉄道駅なのだった。

図3-8　ボタン(右．オハイオ歴史センター)とビッグ・ブルー(左．ミリキン大学)

ボタンとビッグ・ブルー

比較的最近まで「野生の最後の一羽」とされていたメスの「ボタン」は、一九〇〇年三月二四日、オハイオ州パイク郡で、一四歳の少年がBB弾で撃ち殺したとされる。今は、当時からのボタンの眼そのままに、オハイオ歴史センター(オハイオ州コロンバス)の収蔵庫に収められている(図3-8右)。小説家アラン・エッカート(邦訳に『みどりのトンネルの秘密』『最後の一羽――オオウミガラス絶滅物語』等)が、一九六五年にボタンを主役にした児童書"The Silent Sky"(6)を発表し、成功を収めたことから、今でも年配の人にはよく知られた存在だという。

ただし、前述の通り、ボタンは今では「野生での最後の一羽」ではなかったことがわかっており「野生での最後のメス」という微妙な表現をされる。二〇一四年、リョコウバトの絶滅一〇〇周年に向けた調査で、標本の日付を調べていた作家ジョエル・グリーンバーグが、「ボタン」より後まで生きていたオスの剝製の存在に気づいたからだ。

そのオスの剝製は、現在、イリノイ州ディケーターのミリキン大学が所蔵しており、ビッグ・ブルー(大学の愛称に由来)と呼ばれている。一九〇一年、同州オークフォード近くでこのオスを撃った人物がそのまま保持し、相続した娘の没後、一九八九年になって、娘の出身校だったミリキン大学に寄贈された(図3-8左)。

ボタンもビッグ・ブルーも、死後にたどった道も含めて既に物語の中にいるような存在だ。対面したとき、ぼくは静かな興奮を感じてやまなかった。

なお、グリーンバーグの調査では、さらに新しく一九〇二年にインディアナ州で撃たれて剥製にされたリョコウバトの事例を、かなり確からしいものとして見出している。しかし、すでに剥製は失われており「標本が残っている確実なもの」という基準から外れる。

シンシナティ動植物園と国立自然史博物館

「最後の一羽」として有名なメス、マーサを飼育していたオハイオ州のシンシナティ動植物園では、マーサが暮らした東洋風の鳥舎を移転して保存している。死後一〇〇周年を記念して施された内装は、リョコウバトの絶滅をつぶさに振り返る内容になっており、掘り起こされた様々な記録が展示されている。二〇一四年の絶滅一〇〇周年の際に、地元の子どもたちが折った折り紙のリョコウバトが天井で群れをつくっているのが印象的だった(図3-9)。

一方、死後のマーサは、氷詰めにされて、鉄道でワシントンDCの国立自然史博物館に運ばれた。そこですぐに解剖され、剥製も内臓も丁寧に保管されている。[7] 死後一〇〇周年に際しては多くのメデ

図3-9　マーサが飼育されていたシンシナティ動植物園の鳥舎(右上)とマーサを記念した展示(右下)，死亡時のニュースのコピー(左上)，国立自然史博物館に所蔵されているマーサの剥製(左下)

ィアがマーサの剥製を取材した。ぼくも二〇一三年に訪ね、見せてもらった。亡くなったときには高齢で、換羽の途中だったこともあり、決して状態はよくない剥製だ。しかし、「最後の一羽」であるという事実が、何事にも代えられない悲劇性を与えており、やはり胸に迫るものを感じざるをえなかった。

なお、シンシナティ動植物園は、一九一八年、リョコウバトのマーサが飼育されていたのと同じ鳥舎で、カロライナインコの最後の一羽のオス、インカスが死亡したことでも知られている。インカスは、マーサ同様、国立自然史博物館に送られたが、その途上で失われた。

また、同じシンシナティの自然史科学博物館には、オオウミガラスの「最後の二羽」のうちのメスの候補の剥製が所蔵されていることは第二章で述べた。なぜかシンシナティは、「絶滅鳥類」のトピックが集積する都市となっている。

図3-10　ミシガン州ウォーレンの森とそこで拾ったブナの実

野生の森

では、博物館や動物園ではなく、自然界において、今もリョコウバトの存在を感じられる場所はあるだろうか。

例えば、かつてリョコウバトが、ねぐらや営巣、採餌(さいじ)に訪れた森はどうだろう。前述の作家ジョエル・グリーンバーグを含む専門家に問い合わせたところ、いくつかの森を紹介してもらえた。

ミシガン州の「ウォーレンの森」は、リョコウバトが好んで食べたアメリカブナの森だ。地面に落ちているブナの実は、日本のブナのものとても似ており、トゲトゲのある殻斗(かくと)の中に実が二つ入っていた。ハトが好んで食べそうな大きさだ(図3-10)。

一方で、ウィスコンシン州のワイアルーシング州立公園の森林はオークの森で、訪ねたときには、何種類ものオークの実、つまりドングリが地面に落ちていた(図3-11上)。大きさは様々だが、大型のものは嫌って食べなかったらしい。

なお、この州立公園の高台には、一八九九年に撃たれて剝製にされた州内最後の野生のリョコウバトを記念する碑が建っている(図3-11下)。設置されたのは一九四七年で「世界ではじめて絶滅動物を悼んだ碑」とされる。碑の完成式

図3-11　ワイアルーシング州立公園のドングリとリョコウバトの記念碑

では、リョコウバト絶滅後に史料を収集したビル・ショージャーらが講演した。

また、この機会に編集された冊子 "Silent Wings" には、後に北米の環境思想に大きな影響を与えるアルド・レオポルドのエッセイ「ハトの記念碑について」が寄せられた(8)。レオポルドは、二一世紀の今につながる生態学的な自然保護思想の一つの源流だと考えられる人物だ。「ハトの記念碑について」においても、リョコウバトの絶滅を再考し、現代的な意味づけを行った。ベストセラーとなった『野生のうたが聞こえる(9)』にも、重要な一章としてこのエッセイが収められている。

碑を訪ねた後、さらにレオポルドの思索をたどることで、この「聖地巡礼」を終えたいと考えた。最後の目的地は、レオポルドが拠点としたウィスコンシン州の名門大学、ウィスコンシン大学マディソン校だ。

ショージャーとレオポルド

ウィスコンシン大学マディソン校には、世界でも最初期に創設された「野生動物管理学科」がある。一九三三年に就任した初代教授は、後に「土地倫理（ランド・エシックス）」を掲げ、北米の環境思想に大きな影響を与えたアルド・レオポルドだった。そして、レオポルドがこの教授職を得たのは、年長の親友で化学者・ビジネスマン・鳥類学者、かつリョコウバトの史料収集者、ビル・ショージャーの推薦があったからだとされる。

同大学を訪ねると、野生動物学科の中に、ショージャーとレオポルド関連資料を保管する一室が設けられていた。ショージャーは、全米の図書館に足を運び、リョコウバトにまつわる地方紙の記事などを見つけると、ノートに書き写して整理した。インターネットはおろか、簡便な複写機もない時代だった。残されたノートは厖大で、ただページをめくるだけでも圧倒される。埋没していた記録を今に伝えたのは、ショージャーの大きな業績の一つだ（図3-12）。

それに加えて、レオポルドに教授職を用意したこと（レオポルドの一年分の給与相当の金額を大学に寄付したという）も、ショージャーが後の世に対してもたらした大きな貢献だとされている。興味深いことに、ショージャーはレオポルドが、自分とはかなり違う学術的な立場にあることを知りながらも、キャリアを後押しした。

ショージャー自身は、標本収集に強いこだわりをもつ博物学的な鳥類学者だった。もしも絶滅危惧種の鳥が近くにいたら、まずはそれを捕まえて剝製にしてしまいそうな、それこそオオウミガラスの時代の博物学者に似たこだわりをもっていた。一方、レオポルドは、環境中での生きものの相互作用を重視する生態学的な立場から自然保護を論じた。これは当時、とても新しい視点だった。

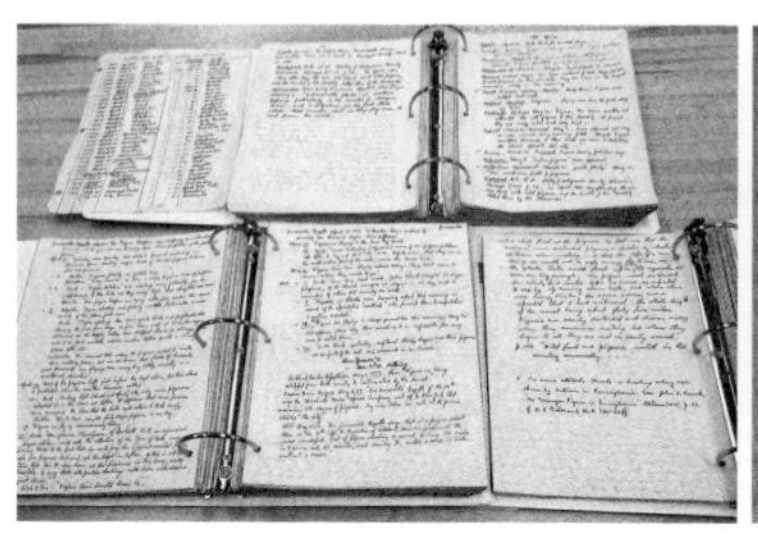

図 3-12　ショージャーが全米の図書館で新聞記事などを書き写した膨大なノート(白いファイル)とその一部．ウィスコンシン大学マディソン校所蔵

生物学的な嵐

エッセイ「ハトの記念碑について」の中で、まずレオポルド(図3-13)は、リョコウバトがもはや、生の歓びから完全に切り離され、標本や本の中での記述としてしか存在しないことを嘆く。「彼らはまったく生きていないことによって、永遠を生きている」(They live forever by not living at all)という印象的な言い回しで、その悲劇を表現した。

また、健在だった頃のリョコウバトを、生態系の中での文脈で描写する。

> リョコウバトは生物学的な嵐であった。大地の肥沃さと大気中の酸素という、とてつもない強度をもった相反する電位の間を行き来する稲妻であった。毎年、羽の生えた大嵐となって舞い上がり、舞い降り、大陸を縦横無尽に飛び回り、森と草原の豊かな実りを吸い上げ、生命という爆風の中で燃やした。

「生物学的な嵐」というのは、比喩的な表現だったとしても風変わりだが、レオポルドは、単なる比喩ではなく、実体を伴った言葉として使っている。リョコウバトは、木の実などを食べることで大地が培ったエネルギーや物質を別の場所に運び、大いなる循環を司った。また、森の木々を倒す「稲妻」でもあった。つまり、リョコウバトは、倒木更新を促し、栄養を循環させる「生態系エンジニア」の役割を果たしていた。

レオポルドは、リョコウバトが絶滅した後の状態をこんなふうに言い表した。

> 今日も樫の木は空に向かってその重たい実りを誇示しているが、羽の生えた稲妻はもういない。かつて天空から雷を落とした生物学的な仕事を、今はミミズやゾウムシがゆっくりと静かにこなさなければならない。

図 3-13　アルド・レオポルド．by courtesy of University of Wisconsin-Madison

人類も進化の旅の一員である

レオポルドは、ダーウィンが提唱した自然選択による進化論を画期としてとらえ、わたしたち人類が頂点に位置するような世界観を、更新したとする。進化の歴史の中で、生態系の中で、人類は特別な存在ではないという。

> ダーウィンが種の起源について、最初の洞察を与えてから、もう一〇〇年になる。人間は他の生物と一緒に進

化の旅をする仲間に過ぎないということを、私たちは今では知っている。この新しい知識を得て、現在に至るまでに、私たちは、同じ生物たちに親近感をいだき、生かし生かされて共存したいという願いや、〔進化という〕生物学的な一大事業の巨大さと持続性に対する驚きの感覚をもっていてしかるべきだった。

そして何よりも、人間は〔進化の〕冒険の旅を続ける船の船長でありながら、〔人間自身が〕その旅の唯一の目的とは言い難いことと、仮にそのように思えたとしても、それは、暗闇を恐れて〔空元気の〕口笛を吹くような行為から来ることを、ダーウィンから一〇〇年の間に知るべきだった。

人類は、それこそ「宇宙船地球号」の船長のように見えるかもしれないが、進化は人類を生み出すためのものではないし、そう考えるのは空威張りのようなものにすぎないという。

従来の人間中心主義的な世界観を脱した、生命中心主義的な世界観の萌出をここに見ることができるだろう。レオポルドが唱える「土地倫理」は、その土地に成立している生態系こそ守るべきものであり、人間も生態系という共同体の一員にすぎない、と主張する。北米の自然保護運動に特徴的な、原生自然(wilderness)の尊重や、自然そのものが人間の価値づけ以前に内在的(intrinsic)な価値をもつという考えと強く結びついて普及した。それは、リョコウバトに言及したこのエッセイの中にもすでに見て取れるのである。

太陽の下において、新しいこと

では、人間は、この世界において、いかなる存在なのか。「万物の霊長」のような特権的な立場にはないにせよ、他の生きものと違うようにも感じられてならない。どのように考えればいいのか、レオポルドは、エッセイの中で、またも示唆的なことを述べる。

ある種族〔人間〕が他の種族〔リョコウバト〕の死を嘆き悲しむことは、太陽の下において、新しいことだ。最後のマンモスを殺したクロマニヨン人は、その肉のことしか考えていなかった。最後のリョコウバトを撃ったスポーツマンは、自分のすばらしい腕前ばかりを意識した。最後の一羽のオオウミガラスを捕らえた船乗りは、まったく何も考えなかった。しかし、リョコウバトを失った私たちは、その喪失を嘆き悲しむ。もし葬儀が私たちのものであったなら、リョコウバトはほとんど私たちを悼むことはなかっただろう。デュポン氏のナイロンやヴァネヴァー・ブッシュの爆弾〔原子爆弾のこと。ブッシュは、原子爆弾計画の推進者〕よりも、むしろこの事実の中にこそ、われわれが獣よりも優れていることの客観的な証拠がある。

オオウミガラスの最後の二羽をめぐる調査を行い、記録を残したアルフレッド・ニュートンを思い出そう。ニュートンは、一八五八年、アイスランドでの調査から帰国した直後に、ダーウィンの自然選択をめぐる論文を読み、感化された。初期からダーウィニズムを受け入れたうちの一人として、

「自然選択による絶滅」はともかく「人為の絶滅」はあってはならないと考えるようになった。そこには、進化の旅の中で、人類が他の生きものと比べて特別なものではないという、今ならば多くの人が同意するような考えの萌芽もあっただろう。しかし、その後、大西洋を渡った対岸の大陸で起きたリョコウバトの絶滅は、「ダーウィン以来」の考えが十分に汲み取られておらず、また浸透しなかったことを意味する。

一方で、さらにその後、一九四七年のエッセイにおいて、レオポルドは、すでに原子爆弾による壊滅的な破壊を目の当たりにした人類の一員として、人間の徳性の表れは、科学技術上の達成にあるのではなく、失ったものを悼むことができる能力にあると訴えた。これこそ「太陽の下において、新しいこと」だと。

数十億羽という個体数から、わずか半世紀、実質的には二〇～三〇年でゼロにいたったリョコウバトの絶滅は、「やや大柄で派手な色のハトが一種類滅んだ」というだけで終わらない意味をもっていた。厖大な個体数ゆえに、北米の中西部や東海岸の森林生態系に深く関わっていた「生物学的な嵐」は去り、その嵐が形づくっていた土地の景観もすでに変わっている。失われたものを悼むことが「太陽の下において、新しいこと」だったとしても、人間がその能力を活かしてそれ以上のことをできるかどうかは、まさにレオポルド以降に生きる者たちの課題だろう。

リョコウバトをめぐる議論は、そんな「今」の問題に直接つながっている。

リョコウバトの個体群の盛衰をめぐって

本章の最後に、リョコウバトをめぐる最近の研究を見ておく。

二〇一〇年代から、ゲノムを読むことによって、リョコウバトの巨大な群れをめぐる理解を深めたり、絶滅の原因をさぐるような研究が相次いでいる。

まず、巨大な群れについては、数十億羽という数があまりにも常軌を逸しており、一八世紀後半の西洋人入植後に見られたあの数は、なにか特別な事情で増えたものではないかという議論がなされてきた。例えば「西洋人の到来とともに先住民が激減し、リョコウバトが利用可能な食料が増えたために、一気に増えた」というふうに。しかし、リョコウバトは、西洋人が本格的に入植する前の初期の探検の報告でも、巨大な群れが目撃されているなど、この説には矛盾があることも議論されてきた。

そこで、ゲノム科学の登場だ。二〇一四年の米国科学アカデミー紀要(PNAS)に掲載された論文では、四個体分のゲノムを読んで、リョコウバトの遺伝的多様性が低いことを見出した[10]。個体数が多ければ多いほど、その分、遺伝的多様性が高まると考えられ、この結果から、「過去一〇〇万年間を通じて、リョコウバトの個体数は一八〇〇年代に推定された数十億という数の一万分の一程度で推移していた」とした。つまり、せいぜい数十万羽くらいの個体数だったというのである。わたしたちが知る数十億羽という数は、気候や食料資源、その他の生態学的諸要因の変化にともなって劇的に増えた状態だったのだという。

一方、二〇一七年には、今度はリョコウバトのミトコンドリアゲノム四一個体分と核ゲノム四個体分を読んだ論文がサイエンス誌に掲載され、それでは別の結果が出た(11)。

この論文によると、巨大なリョコウバトの個体群は遺伝的に驚くほど均質で、一つの群れとみなしてよいという(多様性が低い)。ここまでは二〇一四年の研究と同じだ。しかし、染色体の中での部位を考慮すると、末端部などではむしろ多様性が高い部分があるという(部分的に多様性が高い)。

「リョコウバトのゲノムの多様性は低いが、一部で高い」という不思議な状態は、いったい何を意味するのだろうか。論文著者の解釈では、染色体の末端部は自然選択に影響がある領域ではないために変異が蓄積しやすく、この部分での多様性の大きさは、集団サイズの大きさゆえに多くの変異が蓄積した結果と素直に受け止めてよいという。一方で、その他の部分での多様性の低さは、集団サイズが大きな場合、有害な変異がすみやかに取り除かれるような自然選択が働きやすいことに由来する。論文中では使われていない言葉だが、「浄化選択」(purifying selection)という現象だ。リョコウバトのゲノムを詳しくみたときに、明らかになった総体としての多様性の低さも、部分的な多様性の高さも、巨大な個体数を維持し続けた結果として理解しうる。そして、このシナリオで考えると、人類到来前後である二万年前から、絶滅に至るまで、ほとんど同規模の個体数を維持していたことになるという。「リョコウバトは、個体数が多いときには適応的であった形質を進化させたが、商業捕獲によって個体数が減少した後は、その特徴が適応的ではなく、生き残るのが難しくなった」と論文著者は示唆している。

わたしたちは、リョコウバトの際立った特徴として、「生物学的な嵐」とまでいわれたほどの集団的な行動をまずは想起する。それが、リョコウバトが長きにわたって維持してきた、より本質的な特徴なのか、わたしたちが観察した時期にたまたま見られたことなのか、おそらくはこれからしばらく議論が続くはずだ。

コラム❷

リョコウバトと日本人画家と野口英世

東京帝国大学元教授ホイットマン

リョコウバトは北米の鳥なので、アジアに住むわたしたちからは縁遠く感じられもする。しかし、意外なところで日本との関係がある。

チャールズ・O・ホイットマン(Charles Otis Whitman, 一八四二〜一九一〇)は、東京帝国大学動物学科の二代目教授として、一八七九年から八一年まで在任した、いわゆるお雇い教授だ。前任者は著名な、エドワード・S・モース(一八三八〜一九二五)である。

ホイットマンは、アメリカに帰国後、一八八八年にウッズホール海洋生物学研究所を設立し初代所長を務めた。また、九二年にはシカゴ大学動物学科を創設、初代教授となるなど、大きな成功を収めた。発生学、動物行動学、進化生物学という幅広い分野で活躍し、同時代で最も重きを置かれた生物学者の一人だった(図3-14)。

シカゴ大学での、彼のお気に入りの研究対象はハトだった。自宅にハト舎を設けて、最大で三

図3-14　右はホイットマンと彼が飼育していたハト．左は飼育下で生まれたヒナ．いずれも1896年頃．東京帝国大学動物学科の2代目教授だったが帰国後，シカゴ大学教授に就任し，リョコウバトを含む多くのハトを研究対象にした

〇種、五五〇羽を飼育し、その中には、リョコウバトもいた。リョコウバトが絶滅に向かう中、群れで飼って繁殖させたことが知られているのは、ミルウォーキーの著名飼育家、シンシナティ動植物園、そして、ホイットマンだけだ。

一九〇二年の時点で、ホイットマンは一六羽を飼育していたという。しかし、その後、急速に数を減らし、〇七年にはゼロになった。一方、〇二年、一羽のメスをシンシナティ動植物園に送っていて、それが、後に「最後の一羽」となるマーサだったという説がある。もっとも、別の飼育者から購入したものだという説や、動植物園の群れの中で生まれたという説もあって真実は霧の中だ。

いずれにしても、ホイットマンのような日本とゆかりのある人物が、絶滅直前のリョコウバトの飼育にかかわっていたというのは、知っておいてよい事実だ。ホイットマンの飼育下個体は、比較的多くの写真に撮られており、現存するリョコウバトの写真のほとんどは、ホイットマンが飼育していたものと言われる。特に、ヒナの写真は他に例がなく、貴重だ。モコモコで、大柄で、「脂肪の塊」のように見え、多くの人が肉や脂肪を求めて捕獲したというのも理解できる(図3-14)。

日本人画家 K. Hayashi

話はこれだけでは終わらない。

ホイットマンは、考えをじっくりまとめてから公表する研究者だったため、没後に多くの未発表の研究が残された。死後に編まれたハトについての三部作[12]「ハトにおける定向進化」「ハトの雑種について」「ハトの行動」には、飼育されていたリョコウバトに由来するイラストが収められている。「定向進化」は、突然変異や自然選択とは別の進化メカニズムを提案するもので、ハトの羽の模様を、自説の証拠として扱った。「雑種」では、飼育下での雑種の羽の模様の特徴や不妊性などについて広く論じた。ここでは詳しく内容に立ち入る余裕はないが、これらの論文中で挿絵を描いているのが、日本人画家なのである。

ホイットマンは、日本滞在時、手先の器用な日本人画家を気に入り、帰国後も日本人の専属画家を起用し続けた。三部作では、Kenji Toda と K. Hayashi が挿絵を担当し、そのうち、リョコウバトを描いたのは主に K. Hayashi だ。「定向進化」では、羽の模様、「雑種」では、美麗な彩色画としてオス、メス、雑種(リョコウバトのオスとジュズカケバトのメスの子)の全身像を担当した。剥製ではなく生きた個体を観察して描いたもので、他に例を見ない重要な記録だとされる(図3-15)。

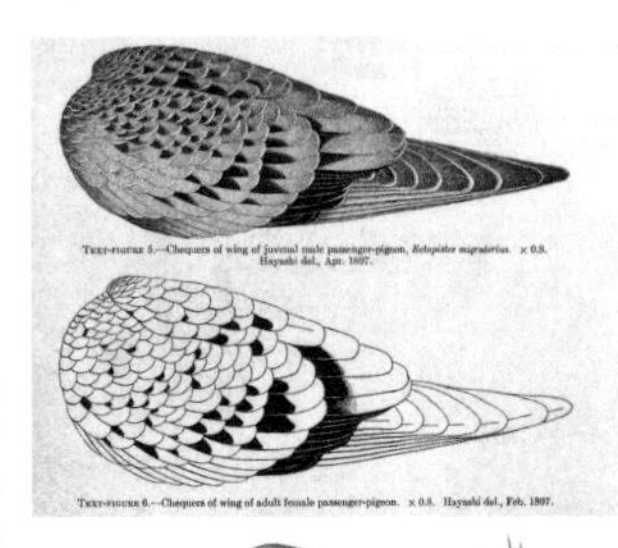

図3-15　上から，日本人画家K. Hayashiが「ハト三部作」の「定向進化」の部に描いたリョコウバトの若いオス(上)と成熟メス(下)の羽の模様，「雑種」の部に描いたリョコウバトオスの全身像，メスの全身像

野口英世登場

当然、この画家K. Hayashiについて知りたくなる。日本語話者が生きたリョコウバトと直接相対(あいたい)したわけだから、つぶさに観察した内容を絵だけでなく、日本語の文章でも書き残してはいないだろうか。もしも、そういったものがあれば、リョコウバトについて、より豊かな理解ができるようになるのではないか。そう思って調べ始めたところ、雇い主のホイットマンが所属したシカゴ大学動物学科と、ウッズホール海洋生物学研究所の両方の年報にその名が見られた。

ホイットマンは一八九五年から一九〇三年までの毎夏、シカゴからマサチューセッツ州ウッズホールへと居を移して過ごしており、その際、飼育しているハトも鉄道で移送した。K. Hayashiも二拠点を行き来し両方の機関に名前を残したと想像できる。もっとも、両機関ともそれ以上の情報をもってはいなかった。

そこで、さらにウェブで検索すると、思いがけない情報に出会った。「福島民友新聞」のウェブサイトで、地元出身の医師、野口英世の評伝的な連載が掲載されており、野口がウッズホール海洋生物学研究所に滞在した際に出会った日本人として、「林謙吉」の名が挙げられていたのである。[13] それも所長のホイットマンの助手で画家だという。まさに、K. Hayashi その人ではないだろうか。

本当に K. Hayashi なのか

これだけでは確信がもてないので、野口英世関連の資料を集積している公益財団法人野口英世記念会（福島県耶麻郡猪苗代町）に問い合わせたところ、既知の書簡類を確認してもらえた。まず、野口がウッズホールに滞在したのは、予定上一九〇二（明治三五）年六月一〇日から九月一五日だという。まさにホイットマンがハトを伴って過ごしたであろう時期と重なる。その間、野口が書いた書簡では、日本人の画家がまず登場し、名前は、林謙吉だと明かされる。さらには、一緒に写真まで撮っている。ウッズホールからニューヨークに戻る際には、同じ船で旅をしたかもしれないこともわかった。

・七月二七日付、児玉信嘉宛

（前略）こちらには最近三人の日本人がいます。一人はシカゴ大学のホイットマン博士のために八年間働いている画家です。（後略）

・八月二三日付、小林栄宛

(前略)在中写真は当地にて撮したるものに候、四人の日本人中一人は理学士谷津直秀、一人は理学士三宅驥一(共に近々独乙に遊学の筈将来の博士連なり)、一人は林謙吉(絵書きにてチカゴ大学雇)及小生に御座候(後略)

図3-16　野口英世と3人の日本人の写真(上. 左端が林, 右から2番目が野口)とその裏(下)(野口英世記念会所蔵)

・九月一三日付、児玉信嘉宛

(前略)〔ウッズホールよりニューヨークへ向かう〕この夏こちらに滞在していた日本人の画家と一緒に同じ便でニューヨークに参りますから(後略)

写真の裏面には八月一〇日撮影と書かれていた。撮影場所は、今もウッズホール海洋生物学研究所で記念写真を撮るときによく使われる桟橋だ。その上に当時研究所に滞在していた四人の日本人が並んでいる。林謙吉は、口ひげをたくわえた芸術家然とした風貌で、一人だけ杭の上に座って、レンズを見ている(図3-16)。

右端に写っている植物学者の三宅驥一は、「野口博士の思ひ出」というエッセイで、林について、「当時、同所の所長ホイットマン博士助手として、おもに鳩の画を書いて居た」としている。(14)

ここまで来ると、野口英世と交流があったこの林謙吉のことをK. Hayashiその人だと考えてよいだろう。とはいっても、その名の読みが「ケンキチ」「カネヨシ」「カネキチ」のいずれかわからないのだが。この場に書くことで、さらなる情報が集まってこないかと願う。

野口英世はリョコウバトを見たのか

K. Hayashiについて調べるうちに、思いがけず若き日の野口英世と出会った。野口は、一九〇〇年一二月に渡米、〇一年からペンシルバニア大学にてヘビ毒の研究を始め、〇二年夏のウッズホール海洋生物学研究所では、海産の無脊椎動物の血液を使った溶血実験をしていたという。

さて、それでは、野口は、この滞在期間中にリョコウバトを見ただろうか。前述の三宅のエッセイには、「日曜にはよく四人で弁当持ちで近所の森や近くの島へ遠足に行った」とあって、四人の日本人は、しばしば行動を共にしていたようだ。とすれば、野口が林の仕事場を訪ねてハトを見た可能性を想像したくなる。もっとも、既知の書簡などに記述は見当たらず、こちらも別の情報があればと思う。

第四章 絶滅できない！
――二〇世紀、フクロオオカミ(タスマニアタイガー)

一九九六年、フクロオオカミの探索

オーストラリアにおいて、最大の肉食獣だったタスマニアタイガーの絶滅は、国民的悔恨の対象となっている。日本でも「タスマニアタイガー」の呼称でよく知られているが、標準和名はフクロオオカミなので、以後、そのように表記する。

フクロオオカミ最後の飼育下個体がタスマニア島の動物園で死亡したのが一九三六年九月七日だったことから、オーストラリアでは九月七日を「絶滅危惧種の日」とし、悲劇を二度と繰り返さないようにとメディアが特集を組む。

この動物が自分の関心の前景に飛び出してきたのは、一九九六年、たまたま九月七日に、西オーストラリア州に滞在したときのことだった。ハニーポッサム(和名・フクロミツスイ)と呼ばれる、花蜜・花粉食の小動物を見るために、西オーストラリアの南西の端(サウスウェストコーナー)の小さな町に宿を取った。夜、テレビをつけると、地元ローカル局のニュース番組の中で、フクロオオカミの「最後

の一頭」の白黒動画が映し出された（図4-1）。

「一九三六年、このフクロオオカミが動物園で死にました。それから五〇年が過ぎた一九八六年、政府は絶滅を宣言し、さらに一〇年後のきょう、その悲劇を二度と繰り返さないよう、「絶滅危惧種の日」が制定され……」というような内容だった。たまたまぼくは、「絶滅危惧種の日」が制定されて最初の当該日にオーストラリアに滞在していたのである。

ニュース番組では、さらにフクロオオカミの話題が続いた。

画面には、よく見かける典型的なユーカリの疎林が映し出され、林床を何人かの男性たちが軽快に歩いていた。あちこちに仕掛けられた自動カメラからフィルムを手際よく回収していく。夜行性動物の研究者か思いきや、実はアマチュアで、ある特定の動物を探し続けているのだという。

「野生のサイラシン」と、男性のうちの一人はインタビューに答えた。つまり、野生のフクロオオカミ！「サイラシン(Thylacine)」はオーストラリアでよく使われるフクロオオカミの呼称の一つだ。

男性たちは、西オーストラリアでは今もフクロオオカミが生きていると信じており、真剣に探しているのだという。設置された自動カメラには、これまでフクロオオカミが写ったことはないが、いずれ発見の瞬間が来ると信じている。西オーストラリアの「サウスウェストコーナー」地域におけるフクロオオカミの目撃報告は、今もとても多く、どこかに

図4-1　1936年にタスマニア島のボーマリス動物園で撮影されたオスの写真

いるはずだ、と。

「サウスウェストコーナー」という言葉を聞き取って、心臓が飛び跳ねた。探索が行われているのは、まさにそのとき、滞在していた地域だったのである。森の際にある宿だったから、その暗がりの中にフクロオオカミが潜んでいることを想像して、胸が高鳴った。

しかし、それは一瞬だけのことで、すぐに、そんなことはありえない、と考え直した。

フクロオオカミは、かつてオーストラリア全土とニューギニア島に生息していたという。西オーストラリアは、オーストラリア大陸部(つまりタスマニア島を除く部分)で最後まで個体群が残っていた地域ではある。ただし三〇〇〇年ほど前までのことだ。「サウスウェストコーナー」には石灰岩の洞窟が多く、その頃のフクロオオカミの骨やミイラが出てくるとは聞いていた。しかし、さすがに今この瞬間に、生きた個体がいるというのは無理がある。絶滅した動物の目撃は、絶滅後もしばらく続くのが常だが[1]、この場合は程がすぎるようだった。

とはいえ大いに興味を掻き立てられたのも事実で、その後、フクロオオカミの骨が発掘されたという近隣の洞窟を訪ねてみた。さらには、人のつてをたどり、洞窟探検家にして化石収集家なる人物を訪ねることもできた。

収集家は、自宅の庭に収蔵庫を建てており、自分が洞窟から見つけてきた骨をクリーニングした上で整理していた。絶滅種のカンガルーやウォンバット、ティラコレオ(「フクロライオン、有袋類ライオン(marsupial lion)」という呼び名もある大型肉食動物)、単孔類の大型ハリモグラなどの骨もあった。

その中でもフクロオオカミの全身骨格は、実に印象的だった。わずか数千年前のものだから、まだ、十分に化石になっておらず、どこか生々しさを感じさせた。収集家はフクロオオカミの頭骨を手で持ち、「こんなふうに大きく口を開けることができたんだ」と、上顎と下顎をぱかっと開けてみせた。SF映画に出ている異星生物にでもありそうな、異形ともいえる大きな口の開き方だった(図4-2)。と同時に、フクロオオカミが、イヌやオオカミと似ていることも強調した。「収斂進化」の実例として、とても貴重な生きものなのである、と。

フクロオオカミは、イヌやオオカミに似ているのに、実はかけ離れた種だ。

北半球のイヌ科動物は有胎盤類。仔が比較的長期間、母親の子宮の中で胎盤を介して栄養を受け取りつつ育つ。一方、南半球のフクロオオカミは有袋類、いわばカンガルーやコアラの仲間で、短い妊娠期間の後、母親の袋(育児嚢)の中で仔が育つ。共通祖先は、およそ一億六〇〇〇万年前まで遡る。その後、別々に進化の道を歩んできたにもかかわらず、生態的地位が近いことから、ここまで

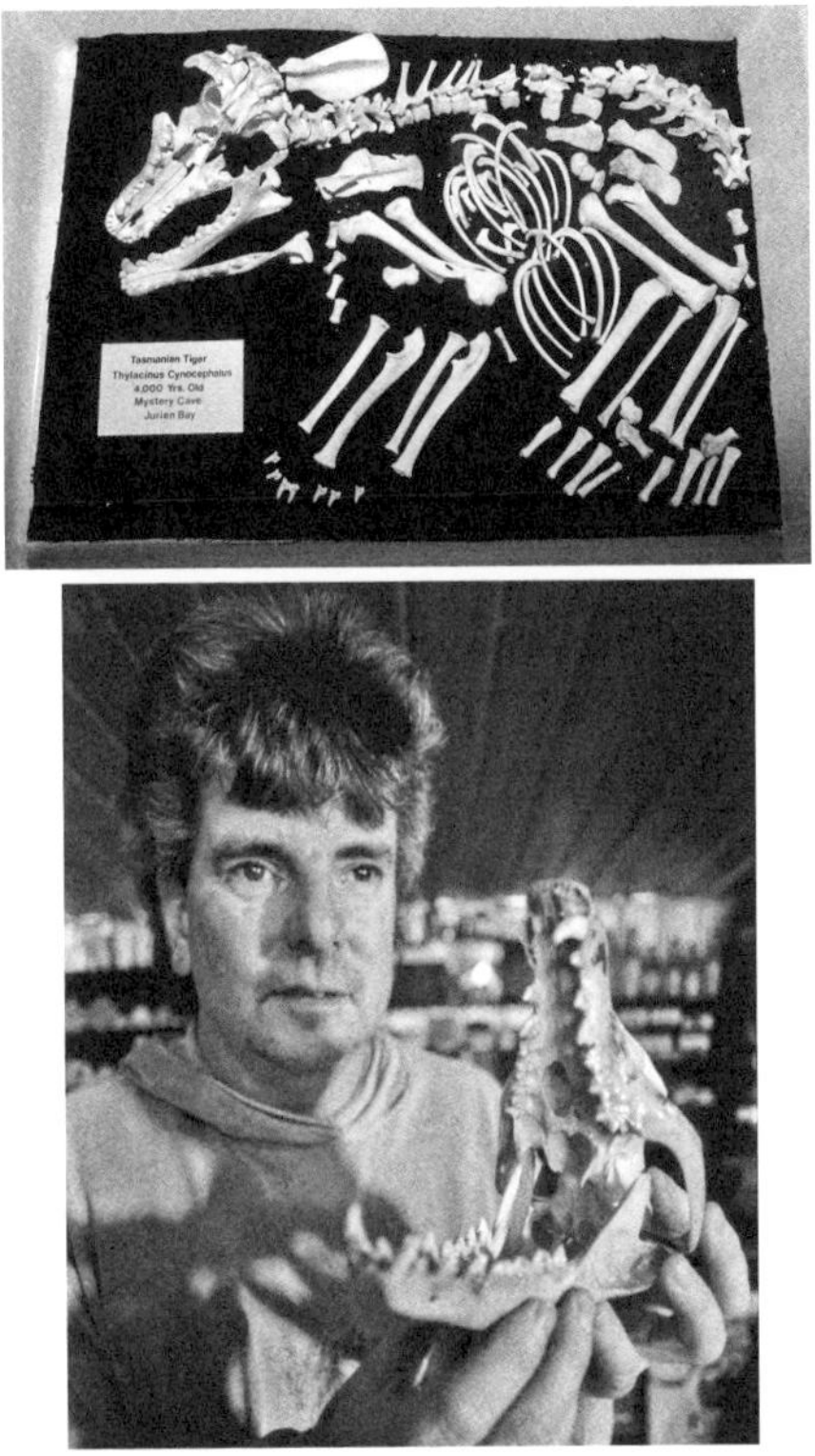

図4-2　西オーストラリアの洞窟から発見された4000年前のフクロオオカミの骨と発見者のリンジー・ハッチャー

形が似ている(詳しくは後述)。それが収斂進化の意味だ。フクロオオカミは、興味深い進化の実例なのである。

異形さ加減と、伴侶動物のイヌに似ている身近さ、そして科学的な意味合いなどが絶妙にまざりあい、話題がつきない。文献を読んで知る過去の生きものというより、今も多くのことを語りかけてくれる「おしゃべり」な生きものだと、気づかざるをえないのだった。

犬頭の有袋類

フクロオオカミは、英語の一般的な呼称ではTasmanian Tiger(タスマニアタイガー)やTasmanian Wolf(タスマニアオオカミ)などと呼ばれる。体の縞模様はトラを思わせ、体型や頭の形はオオカミやイヌのようで、両者の狭間にいるような理解をされがちだ[2]。

しかし、実際はトラでもオオカミでもなく、前述の通り、カンガルーやコアラと同じ有袋類だ。さらに細かくいえばフクロネコ目と呼ばれる分類群に位置づけられる。学名の*Thylacinus cynocephalus*は「犬頭(いぬあたま)の有袋類」というような意味だ。最近、オーストラリアで多用されるThylacine(サイラシン)も、この属名に由来している。

体高(肩高)六〇センチメートルほどで、トラよりははるかに小さい。イヌとの比較なら、かつては平均体重三〇キログラム弱の大型犬サイズとされていたものの、現在の研究では一六・七キログラムと、中型犬程度と考えられるようになった。オスは平均一九・七キロ、メスは平均一三・七キロ、と雌雄差も大きかった。体型としては、胴体がやや細長い印象を受けるものの、ダックスフンドのように極端ではない。

好んで暮らしたのはオーストラリアに多いユーカリ属の樹種からなる疎林で、小型のヤブワラビーなどを狩っていた。「オオカミ」から連想すると、群れで獲物を追いかけて狩りをしたような印象を抱きがちだが、大きな群れはつくらなかった。複数頭が同時にいる場合は、子離れ・親離れ前の母子の場合がほとんどだったという。母親とコドモ三頭を描いた絵が一葉だけ残されているのだが、三頭のうちの一頭は母親の育児嚢に入り込んでおり、この動物がオオカミでもトラでもなく、まぎれもなくカンガルーのような有袋類なのだと強く印象付けられる(図4-3)。

図4-3　1902年，アメリカ・ワシントンDCのナショナル動物園で飼育されていた母子．後ろ向きの育児嚢から，一頭の子の後半身と尻尾が出ている．自然史画家ジョセフ・M・グリーソンによる

人間との出会いとヒツジ殺しの悪評

オーストラリア大陸でフクロオオカミは先住民の壁画などに描かれている。先住民の祖先がオーストラリア大陸に進出した数万年前の時点では、フクロオオカミは大陸の広い地域に分布していたと考えられている。

一方、西洋人がやってきた一七世紀の時点では、すでにタス

図4-4　1808年，ロンドン・リンネ協会紀要に掲載されたタスマニアデビル(上)とフクロオオカミ(下)の図版

マニア島に生き残るのみになっていた。それゆえ文書として残された記録はタスマニア島に限られる。この時点で、およそ五〇〇〇頭が島の南西部を除くほぼ全域に分布していたと推定されている。一八世紀末の文献に、若干の目撃記録があるものの、科学的に記述されたのは一九世紀、一八〇八年のことだ[3](図4-4)。

一八一〇年代からは、「ヒツジを殺す」という悪評が立ち始めた。フクロオオカミは、顎を九〇度近くまで大きく開くことができ、いかにも凶暴そうな印象を与える。しかし、実際には、生まれたばかりの子ヒツジはともかく、成長したヒツジを殺す能力はなかったことがわかっている。同時に増えていた野犬の被害の方が大きかったというのが、現在の理解だ。

しかし、フクロオオカミはスケープゴートにされた。一八三〇年代からは、農場主たちがプールした資金から、のちには州政府によって、駆除に対する報奨金が支払われた。州政府が公的な報奨金を出した一八八八年から一九〇九年までの間には、実に二一八四頭もの捕獲が記録されているという。入植時の推定個体数である五〇〇〇頭と比べると、この時期の捕獲がいかに熾烈をきわめたかが見て取れる。

一九一〇年代以降は、島の中でも奥まったごく一部の地域を除いて、新たな捕獲はなくなった。政府が重い腰を上げてフクロオオカミを保護動物に指定したのは、一九三六年七月、つまり最後の飼育下個体が亡くなる二カ月前だった。

野生の場所で

フクロオオカミがかつていた景観はどんなものだったろうか。現地を訪ねる最大の醍醐味の一つは、まさに生息地の中に身を置いてみることだ。二〇二四年二月、タスマニア島を旅する機会を得た。そして、島の中でも、最後の時期までフクロオオカミの個体群密度が高かったとされる地域をいくつか訪ねた。

フクロオオカミが暮らしたのは、木々がそれほど密集していない疎林で、草地との移行帯、いわゆるエコトーン(ecotone)を好んで利用した。獲物となる小型のヤブワラビーなどは、昼間茂みに隠れて、夜になると草地に出てくる。フクロオオカミも、昼は森にいて、夜には草地に出るような行動を取ったという。

そのような生活が可能な場所は、少し郊外に足を運べば今も多くある。そこで、まず訪ねたのは、州都ホバートから二時間ほど車で内陸に向かって走ったところにあるフロレンティーン渓谷だ。フクロオオカミが絶滅直前の時期まで捕獲があったことがわかっており、つまり、最後期までフクロオオカミが生き残っていた地域の一つである。

タスマニアの森林の特徴は、様々なユーカリ属の樹種がある中に、低層では高さがせいぜい二、三メートルほどの木生シダがあちこちに生えていることだ。日本では小笠原諸島や琉球列島など、南の

図4-5　右上から時計回りにフロレンティーン渓谷地域の森，フクロオオカミの輪郭と縞模様をかたどった金属板，ハリモグラ，ヤブワラビー

島々の植物なので、それがタスマニアの冷涼な気候の中ですくすく育っているのは、なかなかエキゾチックな眺めだった。それらの間からフクロオオカミが顔を出す場面が思い浮かんだ。

「フクロオオカミの里」を自認する町メイデナを通り過ぎるとき、いきなり二頭のフクロオオカミが目に入ってきてドキッとした。実物大のフクロオオカミをかたどったサインで、遠巻きには本物がいるような気にさせられた。近づいてみたところ、周囲の草地で、単孔類のハリモグラが、地面の臭いを嗅ぎながら活発に動きまわっており、ますますタスマニアの自然の中にいる臨場感が高まった(図4-5)。

さらに、近辺の森では、フクロオオカミの主な餌生物であるヤブワラビー(現地名・パディメロン)も見ることができた。実はヤブワラビーは、郊外の道を走るだけで、一〇〇メートルごとに交通事故による死体が転がっているほど多く見かける動物だ。タスマニア島全体で、二〇〇〇万頭以上いるとも言われている。しかし、道路で衝突事故が起きるのは夕方以降で、昼間は森の奥に潜んでいる。生命を絶たれる相手が、フクロオオカミから、人間が運転する自動車に変わっても、その生活スタイルは不変なのだった。

動物園で飼育する

数が少なくなると、いなくなる前に収集したいという人類の普遍的な欲望が顔を出す。かつては自然史博物館に剝製や骨格標本を保管することが第一に考えられたが、一九世紀後半以降は、動物園で飼育するという選択肢が加わった。同時期の絶滅種であるリョコウバトも、最後の一個体が死んだのは動物園だった。

タスマニア島内でのフクロオオカミの飼育は、一八八二年以降、北部にあるタスマニア第二の都市ローンセストンの市民公園動物園で取り組まれ、実に七六頭が飼育されたそうだ(島外に売却するための一時飼育を含む)。

ローンセストンは、二一世紀の現在になっても「フクロオオカミの町」を自認しており、市の紋章にはフクロオオカミがあしらわれている。また、市議会堂の隣の広場には、フクロオオカミの親子のブロンズ像がある(図4-6)。フクロオオカミを飼育していた市民公園動物園はすでに存在しないが、なぜかニホンザルの展示だけが公園内に残されており、かつてここに動物園があったという事実を主張している。ちなみに、そのニホンザルたちは一九八〇年に、愛知県犬山市の日本モンキーセンター

図4-6　ローンセストン市の紋章(右)と市議会堂の隣に設置された親子の像(左)

から譲られたものだということもわかった。タスマニアは、日本の毛織物産業と密接なつながりがあるため、その縁で寄贈されたようだ。

さて、一方、州都ホバートでは、ローンセストン市民公園動物園よりも少し遅れて、私設のボーマリス動物園が飼育、展示を行った。ここでは一八九五年の開園から一九三七年の閉園までの間、四五頭のフクロオオカミを展示したとされている。

ボーマリス動物園は、当時、フクロオオカミに次ぐ大きさの肉食獣だったタスマニアデビル(フクロアナグマという和名を持つ、ずんぐりむっくりしたフクロネコ科の動物・図4-4)の繁殖にはじめて成功するなど、先進性をもつ動物園だった。しかし、フクロオオカミの繁殖は実現しなかった。

閉鎖後のボーマリス動物園は、今も敷地だけが保存されており、周囲の道路から中を見ることができる。二〇〇〇年には、フクロオオカミなどの浮き彫りをあしらったゲートがつくられたことで歴史遺産的な雰囲気を醸し出している(図4-7)。奥には崩れかけたホッキョクグマの放飼場が見え、さらにその奥にフクロオオカミの展示があったそうだ。想像力をたくましくすれば往時を頭の中に思い浮かべることもできる。

これら二つの動物園を介して、島外にも生きたフクロオオカミは送られた。シドニー、メルボルンなどのオーストラリア国内だけでなく、ロンド

図 4-7　2000 年に再建されたボーマリス動物園のゲート

ン、パリ、ベルリン、ケルン、アントワープ、ワシントンDC、ニューヨークの動物園がフクロオオカミを飼っていたことがわかっている。特にロンドン動物園では、一八五〇年から一九三一年にかけて計二〇頭が飼育された。アメリカのワシントンDCでは五頭と、それに次いだ。

ここで第二章のオオウミガラスのことを思い出しておこう。一八四四年に「最後の二羽」が捕獲されて、事実上絶滅したオオウミガラスの場合、動物園で飼育されることはなかった。近代的な動物園の先触れの一つであるロンドン動物園は、一八二八年にロンドン動物学協会の「生きた標本」を展示する場として会員向けに公開が始まり、一八四七年には一般公開されるようになった。現在に直接つながる動物園の黎明期に、オオウミガラスはぎりぎり間に合わなかったといえる。

第二章で「人為の絶滅」の発見者として紹介したアルフレッド・ニュートンは、ジョン・ウリーが残した「オオウミガラスの書」の「抜粋」論文(一八六一年)で、もしも最後のオオウミガラスがまだ生きているなら、ロンドン動物園で飼育すべきだとした。この時点で、ロンドン動物園は、すでにフクロオオカミという、絶滅危惧種の飼育経験を持っていたのである。累計で二〇頭を飼育しながらも、フクロオオカミの系統だった飼育下繁殖が試みられなかったのは残念なことだった。

エンドリングをめぐって

フクロオオカミの飼育下「最後の一頭」は、一九三六年、ボーマリス動物園にて死亡した(図4-1)。この個体は、オーストラリア国内では、エンドリング(endling)と呼ばれるようになった。おしまい(end)と系統(linage)を想起させる接尾辞を合わせた呼称で、もともと一九九六年の「ネイチャー」誌で、「人でも、動物でも、その系統の最後の一個体」を示す呼称として提案されたものだ。[4] 二〇〇一年、オーストラリア・キャンベラにあるオーストラリア国立博物館の展示で、「絶滅種の最後の一個体」という意味で使われたのをきっかけに、フクロオオカミの最後の一頭について用例が増えた。しかし、リョコウバトのマーサも、次章に登場するヨウスコウカワイルカ(バイジー)のチーチーも、まさにエンドリングである。

最後の一個体エンドリングについての物語は、絶滅動物について語るときの最重要エピソードの一つとして扱われる。フクロオオカミのエンドリングは、つい最近まで、次のように説明されていた。

一九三三年に捕獲されたオスで、名前はベンジャミン。一九三六年九月七日、とても寒い日の夜(南半球では冬であることに注意)、ベンジャミンは寝床から締め出されたまま放置され、つまりネグレクトの結果、死亡した。遺体はホバートの博物館に送られたが、その後の行方はわからない。

しかし、今では、この物語の重要な部分が、いくつか修正されている。

まず、「ベンジャミン」は、一九六八年になってから、かつて飼育責任者だったと自称する人物が「創作」して広めた名で、当時、そう呼ばれていたわけではなかった。

また、遺体を受け取った博物館において、二〇二二年になって、エンドリングのものと考えられる毛皮と全身の骨が見つかった。ちょうど一九三六年に設置されたばかりだった教育部門の剝製師が毛皮と骨格標本を作成したものの、なんらかの理由で記録が残らなかったために、由来が忘れられてしまっていたのだという。毛皮は、重要性を知られないまま教育部門で大いに活用され、タスマニアだけではなく、オーストラリア各地をまわって人気を博してきた[5]。

現在、その標本は、ホバート中心部にあるタスマニア博物美術館(TMAG, Tasmanian Museum and Art Gallery)に設けられたフクロオオカミ展示室で、専用ケースに入れて公開されている(図4-8)。毛皮は、長年にわたって多くの子どもたちが触ったため、頭頂部がはげていた。死後も「絶滅」という現象について伝えてきたわけで、エンドリングにふさわしい役割を果たしてきたといえる。

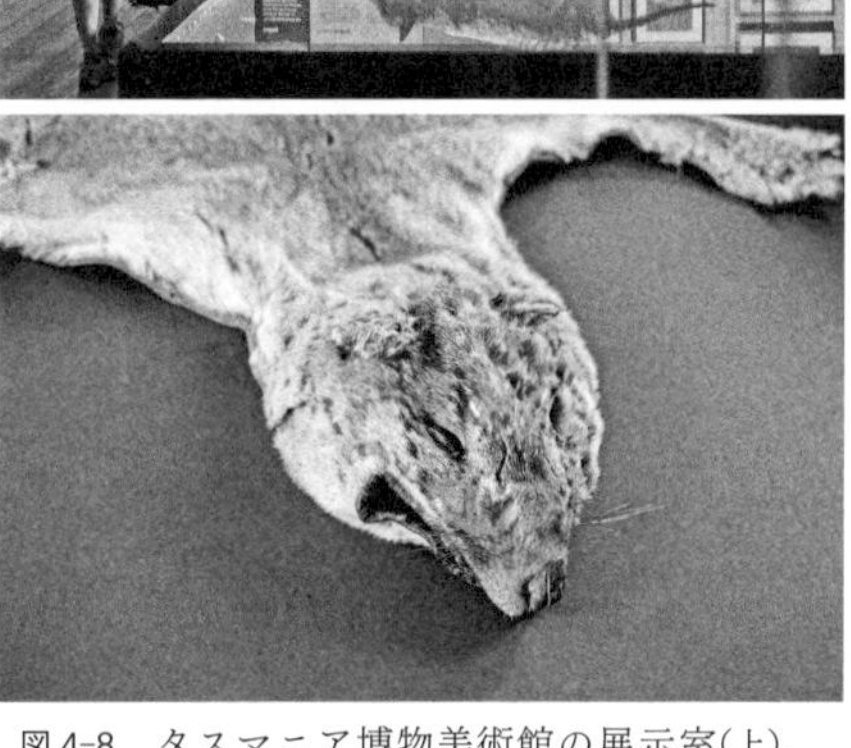

図4-8　タスマニア博物美術館の展示室(上).手前のケースにエンドリングの毛皮がある.その頭頂部は剝げている(下)

タスマニア博物美術館は、この標本がエンドリングのものと判明した後で、展示の中心に据えて構成を練り直した。地元タスマニアならではの、細部に富んだ、情報密度が高い空間だった。

ただ、未解決の大問題がある。

というのも、その個体は、オスではなくメスなのだ。

先に語られていた説のオスは、一九三三年から三六年にかけて、写真や動画を撮影されている。その時期にオスが飼育されていたことは間違いない。エンドリングがメスだとなると、件のオスは三六年のしかるべき時期に死亡するなどしていなくなり、その後、写真には写っていないメスが動物園にやってきたことになる。実物の標本がある点で強力な仮説だが、疑わしい点があることも否めない。

というわけで、反駁(はんばく)論文も別の研究者から発表され[6]、外から見ている限り、当面、解決する気配はない。オーストラリアの人びとにとって、自分たちがかかわる歴史としてこだわりが大きく、決着には時間がかかりそうだ。

目撃情報は続く

飼育下の「最後の一頭」が死亡したからといって、それで絶滅が確定したとは限らない。他の絶滅動物でも、しばらくは目撃情報があるのが通例だ。何十年もたってから再発見される場合もある。例えば、ニュージーランドの飛べない大型クイナ、タカヘ(*Porphyrio hochstetteri*, クリスマスツリーのような配色のきれいな鳥だ)は、一八九八年の捕獲を最後に絶滅したと思われていたものの、五〇年後の一九四八年に再発見され、今では手厚い人工繁殖計画のもとにある。北米の草原に住んでいたクロアシイタチも、一度は絶滅したと考えられていたものが一九八一年に再発見され、以後、厳重な繁殖計画のもとに保護されている。

フクロオオカミの場合、ボーマリス動物園の最後の飼育下個体が死亡した時点で、野生にはまだ少し生き残っていたことは間違いないとされる。しかし、熱心な探索をしてもみつからなかったのも事実で、一〇年、二〇年とたつうちに、「すでに絶滅している」という可能性が高まっていった。

それでも、目撃情報だけはあとを絶たなかった。当局が色めき立ち、本格的探索が行われたことで知られるのは、一九八二年の報告だ。そのときは、州政府の公園野生生物局職員が、島の北西部で鳥類調査中に目撃した。野生動物に関する豊富な経験をもつ人物であり、証言は具体的かつ嘘をつく動機もなかった。

タスマニアの地元新聞マーキュリー紙のリポーターが、後にその人物ハンス・ナーディング(Hans Naading)と一緒に現場を訪れて、目撃した状況を聞き出している。[7]

一九八二年秋、彼はスミストンから車で三〇分のトガリ付近で野鳥の調査をしていた。フィールドで一日を過ごした後、サーモンリバーロードを走り、ランドクルーザーを停めて眠った。冷たい雨が降る午前二時、目を覚まし窓の外に懐中電灯を向けた。

「フクロオオカミが、車のすぐ前にいた」とナーディングはわたしに言った。

「窓を開けると雨が入り込んできて、私は懐中電灯の光束の先端であたりを照らした。それはまちがいなくフクロオオカミで、車のすぐ前にいた。そいつはずぶ濡れだった。カメラは手の届かないところにあったので、私は体重を推定し、背中の縞模様を数え、とても健康なオスであると理解した」

ナーディングはフクロオオカミを三分間観察したという。彼の報告は、記録にある中で最も信頼できる目撃情報の一つとされている。当時、タスマニア州政府公園野生生物局（ＰＷＳ）の局長だったピーター・マレルは、この報告を「ＰＷＳの歴史上」最高のものであり、「反論の余地のない決定的なもの」だと評した。

公園野生生物局のトップも認める信頼性の高い目撃であり、すぐさま本格的な捜索チームが組織された。当時としては最新鋭の機材だったリモートセンシングカメラなども導入してフクロオオカミの痕跡を追った（図4-9上）。

この件が公になると、熱狂的な人々が大挙して訪れて周囲を荒らす懸念があったため、目撃情報も含めて秘匿した上での調査となったという。公園野生生物局の職員には「サイラシン・レスポンス・

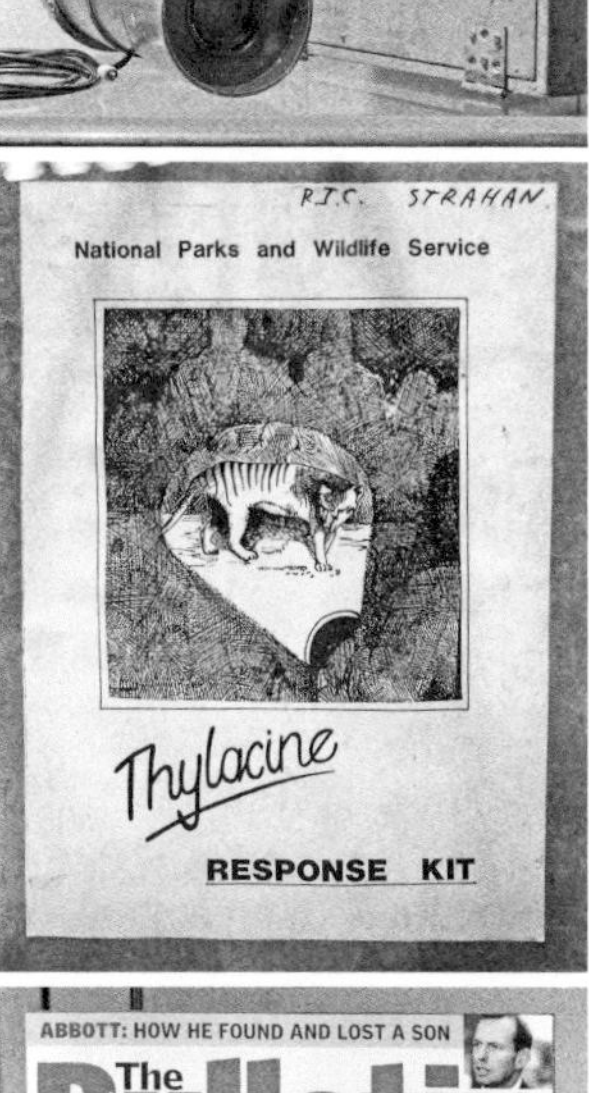

図4-9　上からリモートセンシングカメラ，対応マニュアル，懸賞金を設定したThe Bulletinの当該号の表紙．タスマニア博物美術館所蔵

キット」つまり、フクロオオカミに出会ったらどのような行動をするかという対応マニュアルが配られて、対応方法が周知された(図4-9中)。

搜索は断続的に一五カ月にも及んだが、残念ながらフクロオオカミを見つけることはできなかった。これをもって一九八二年の目撃騒動は幕を下ろした。そして、一九八六年、州政府は「フクロオオカミは絶滅した」という見解を表明することになった。「最後の一頭」エンドリングの死亡からちょうど五〇年が経ったことなども勘案しての判断だった。実は、これに先立つ一九八二年(つまり件の目撃の年)、IUCN(国際自然保護連合)のレッドリストでは「絶滅」という記載に変わっていたので、タスマニア政府としては、かなり待ってから判断したことになる。

もっとも、その後も、目撃報告は間断なく続いた。二〇〇五年にはオーストラリアの雑誌"The Bulletin"が、フクロオオカミの発見に一二五万豪ドルを懸賞金として提示し、探索を呼びかけた(図4-9下)ものの、やはり見つからなかった。メディアは「今もいるかもしれない」という報道を定期的に繰り返し、最近ではソーシャルメディアに、不鮮明な動画をアップし「目撃した!」と主張する人があとを絶たない。

州政府によると、二〇二〇年代になってすら、毎年、数件ほどは、目撃報告があるという。もはや絶滅の事実は動かしがたいはずだが、人々はどうしてもその影を夜の森の暗がりに見てしまうのである。それでも、一九三六年九月以降、生きて動いている個体を目撃して、他の人々を納得させる明確な証拠を示すことができた者はいない。

なお、絶滅危惧種の国際取引を規制するCITES(ワシントン条約)の締結国会議は、二〇一三年の開催時、フクロオオカミをその対象から除外した。もはや「絶滅危惧種」ではないというのがその理由だった。

収斂進化と独自性と

以上、フクロオオカミの絶滅に至る物語と、さらに長い「その後」についてまとめた。

しかし、さらにさらに「その後」があるのが、わたしたちが生きるこの時代だ。最近の科学的研究は、フクロオオカミについて新たな光を投げかけてやまない。

エンドリングであると主張されているメスの標本を所蔵するタスマニア博物美術館は、それだけでなく剝製、骨格標本、乳仔のアルコール漬け標本などを所蔵しており(図4-10)、それらは世界中の研究者によって活用されている。

脊椎動物部門の上席キュレーターであるデイビッド・ホッキングスに連絡を取って、収蔵施設を訪ねた。そして、乳仔だけでなく、彼がお気に入りだという、タスマニアの洞窟から見出された完全な全身骨格標本を見ながら、最近のフクロオオカミ研究の動向を教えてもらった。

まず、フクロオオカミが「イヌに似ている」という印象は、骨をぱっと見るだけでもとても強い。特に頭骨は、突き出した鼻面と頭の後ろ半分のバランスなどが、イヌやオオカミそのものだ。前にも言及した収斂進化の実例として、生物学の教科書に書かれてきただけのことがある。

しかし、最近の研究は、フクロオオカミのイヌ科動物との表面上の類似よりも、むしろ、独自性を見出す方向にあるという。これは、粗視したレベルでは似ているものの、よく見ると本質的な違いがあるということだ。

例えば、コンピュータで3Dモデルを作って行う定量的な研究では、イヌ科との「収斂進化」についても一考をうながす新たな知見がもたらされている。端的に言えば、フクロオオカミは、イヌ(オオカミ)よりもネコ(トラ)に近い面もあるのではないか、ということだ。体に縞々模様があるからというわけではなく、もっと行動面に直接影響する、骨格のつくりにおいて、だ。

図4-10　フクロオオカミの乳仔.
タスマニア博物美術館所蔵

陸上の哺乳類の捕食行動としての類型として、オオカミは「長距離追跡型」で、トラは「待ち伏せ型」とされる。長距離を走って追跡するオオカミの前肢は、肘から先がほとんど回転しない状態に固定され、効率よく走ることができるようになっている。一方、トラは、茂みの中で待ち伏せたり、隠れながらゆっくりと近づいた後に獲物に組み付くなどの行動を取るため、獲物を左右の前肢で挟み込む動きが可能だ。前肢の柔軟性が、そのような捕食行動に如実にあらわれることが、他の肉食哺乳類でもすでに多く議論されている[8](図4-11)。

これは、伴侶動物であるイヌとネコの違いを考えるとわかりやすい。ボール遊びをする場合、イヌはボールを保持するときに、地面と自分の「掌」との間に挟み込むだろう。一方、ネコは、自分の両の「掌」を内側に向けて、その間にボールを挟み込むだろう。まさにこのような違いが、「長距離

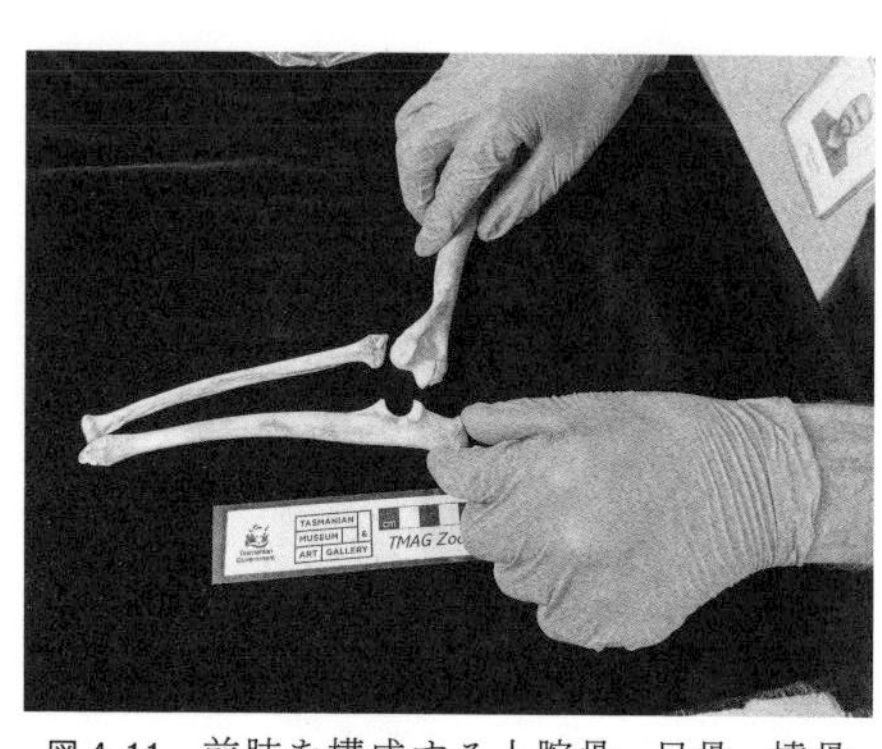

図4-11　前肢を構成する上腕骨，尺骨，橈骨の実物を使って，可動域の説明を受けた

追跡型」と「待ち伏せ型」の間にある。

　では、フクロオオカミはどちらに近かったのか。その違いがはっきりと出る上腕骨遠位(つまり上腕骨のひじ側)の形状をつぶさに比較した結果、対象となったフクロオオカミ八頭の標本は、同時に調べた三二種一〇三頭におよぶ哺乳類の捕食動物の中で、すべて「待ち伏せ型」に分類されるグループに近かった。

　どうやら、フクロオオカミは、捕食のスタイルでは、オオカミのような長距離追跡型ではありえないようだ。論文著者は、この観点からは、俗称として「有袋類のオオカミ(marsupial wolf. 日本語のフクロオオカミもまさにその意味)」は、そぐわないかもしれないとしている。

大きな獲物には挑まない

　さらに、標本から3Dモデルをつくって体格を再評価した研究では、長年フクロオオカミの体重として通用してきた平均二九・五キログラムという数字が、大幅に下方修正された(9)。二体の剥製標本と四体の完全な骨格標本を含む九三頭の成獣について、それぞれ「3D体積モデル」をつくって検討したところ、オスは一九・七キロ(一五〜二五キロ)、メスは一三・七キロ(一一〜一七キロ）、という結果になった。かつての数字は、フクロオオカミの脅威を訴える牧羊家や、捕獲したものを大きく言いがちなハンターから情報だったので、やはり大げさになっていたらしい。本章冒頭で示した体重は、「修正後」のものだ。

体重の違いは、生活スタイルの違いへと直結する。体重や体の大きさは、獲物にできる動物のサイズと関係するからだ。

というわけで、下方修正されたフクロオオカミが、どのような捕食を行っていたのか、あらためて議論になった。二〇二一年には、捕食と密接にかかわる、頭骨に着目した大掛かりな研究が出版された[10]。哺乳類一二科五六種もの精密な3Dモデルをつくって、フクロオオカミと比較したのである。

ここで比較対象になった一二科というのは、フクロオオカミ科(Thylacinidae)の他に、有袋類からはフクロネコ科(Dasyuridae)とオポッサム科(Didelphidae)の二科、有胎盤類はイヌ科(Canidae)、スカンク科(Mephitidae)、イタチ科(Mustelidae)、アライグマ科(Procyonidae)、マダガスカルマングース科(Eupleridae)、ネコ科(Felidae)、マングース科(Herpestidae)、ハイエナ科(Hyaenidae)、ジャコウネコ科(Viverridae)の九科だった。

前肢の特徴からは「ネコ科に近い」という結論が出たわけだが、ここでは見た目の印象どおり、ネコ科からはとても遠く、イヌ科に最も近かった。長年、収斂進化の事例として扱われてきただけのことはある。

しかし、論文中で重視されているのは、イヌ科の中で、どんな種に似ているかだ。従来、擬せられてきたオオカミやイヌとの収斂は支持されず、むしろ近いものは、アフリカのジャッカル二種、南米

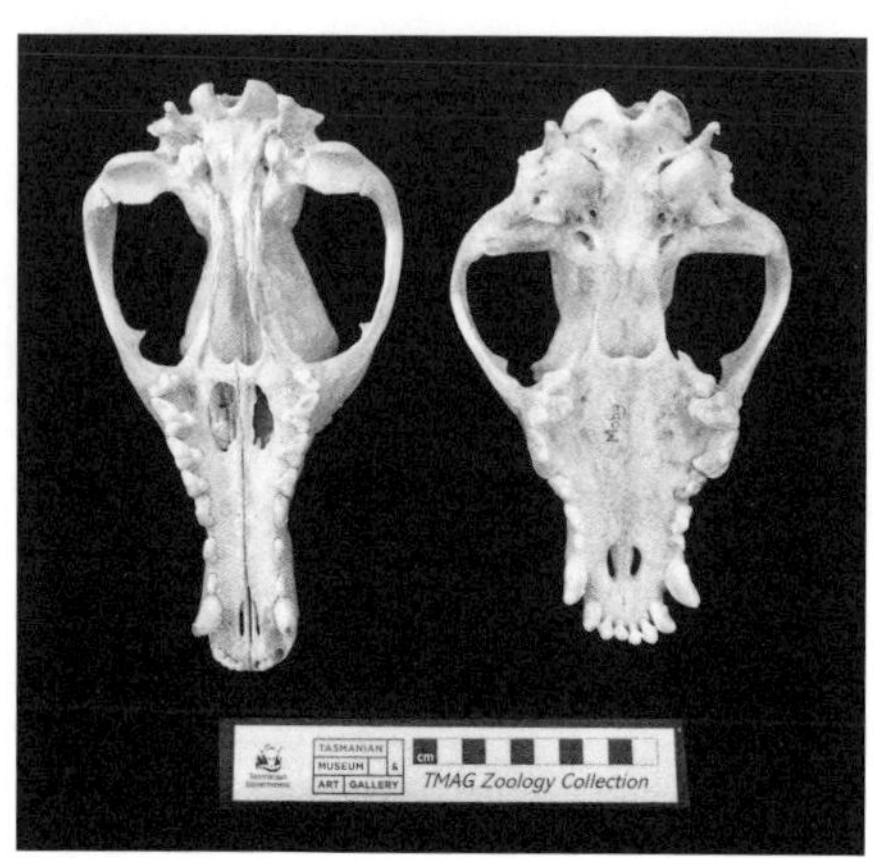

図4-12　フクロオオカミ(左)とイヌ(右．ハスキー犬)の頭骨の比較．フクロオオカミの方が鼻面が長く華奢

のタテガミオオカミ、南米のパンパスギツネだった。いずれも鼻面が華奢な種類で、自分よりもかなり小さな動物を捕食することがわかっている。

そこで、自分の体重の四五パーセント以上の獲物を捕食するグループと、四五パーセント未満のグループに分けて比較したところ、フクロオオカミのすべての個体は「四五パーセント未満」の中にすっぽりと入った。一方、オオカミは、「四五パーセント以上」のグループだった。

こういったことは、昔からよく調べられている歯や鼻面をめぐる議論とも整合する。フクロオオカミの鼻面は、オオカミや多くのイヌに比べて細く長く、華奢である(図4-12)。そして、犬歯も細長く鉤状になっている。大きな獲物を捕食する肉食動物では、犬歯が折れていることがよくあるが、フクロオオカミの犬歯は、華奢であるにもかかわらず基本的に損傷していない。

また、フクロオオカミは、顎を九〇度近くまで開くことができて、これはまさに大きな獲物に嚙みつくのに使えそうな印象を与える。しかし、重たいものに嚙みついたときにはむしろ脆弱になる要因でもあった。

つまり、よくオオカミからの連想で想像されるような自分よりも大きな獲物を集団で仕留めるようなことはなかった可能性が高い。また、前肢の研究で、どちらかといえばネコ科動物に似ていることが指摘されたものの、トラのように自分よりも重い獲物に組み付くこともありえなかった。むしろ、近くにいる小動物に、機を見て駆け寄り、襲いかかる、いわば「急襲型」(pursuit-pounce)の捕食スタイルであっただろう、というような議論へと続いていく。

これらの証拠からいえるのは、フクロオオカミは大型動物を捕食するスペシャリストではなかったということだ。むしろ、自分の体重の半分以下、一〇キログラムにも満たない獲物、噛みついて首を振ったときに細長い顎を骨折しないための安全性も考慮すると一〜五キロくらいまでの獲物に飛びかかって仕留めていたという描像になる。

とするならば、かつていわれていたフクロオオカミがヒツジを襲うという説はありそうにない。そこで、史料を再点検すると、フクロオオカミがヒツジの成獣を殺したとされる事例の報告は数少なく、本当に殺したのか疑問が残るものばかりだということも明らかになってきた。

二〇〇年近くにもわたる誤解は晴らされた。もっと早い時期に「ヒツジ殺し」は濡れ衣だとわかっていれば、今もフクロオオカミは、タスマニアの国立公園で、生き延びていただろう。

ゲノム科学が明らかにする収斂進化の不思議

本章の最後に、近年のゲノム科学の進展で見えてきたことを一つ取り上げておこう。これも「収斂進化」にまつわる話題だ。

メルボルン大学のアンドリュー・パスク教授率いる「フクロオオカミ統合ゲノム復元研究室(TIGRR Lab(タイガーラボ); Thylacine Integrated Genomic Restoration Research Lab)」は、究極的にはフクロオオカミのゲノムをすべて復元し、近縁種のゲノムを編集することで「復活」させる、いわゆる「脱絶滅(de-extinction)」を目標に掲げる。その過程において、フクロオオカミのゲノムを正確に読み、どのような特徴をもっているのか見つけ出す研究を続けている。

二〇一七年に発表されたフクロオオカミゲノムの研究論文では、オオカミの頭部との見かけ上の類似がなにに由来するのかを調べ、興味深い結論を導いた[11]。

収斂進化で似た特徴をもつに至ったなら、それは似た遺伝子、とりわけ、タンパク質をコードしている遺伝子が似ているのではないか、とまずは想像するだろう。頭部の形状に関与するタンパク質コード遺伝子があり、それがフクロオオカミとオオカミの間では、収斂進化の結果、似たものになっているのではないか、と。

しかし、実際にはそのような収斂は見られなかった。ならば、どのようなことが起きているのか。研究チームの推測は、頭部の形成に関与するタンパク質の遺伝子そのものではなく、発現の量やタイミングを調整する因子に収斂があるのかもしれない、というものだ。そういった因子は、タンパク質の遺伝子と同じDNA鎖の「非コードの塩基配列」、つまり、遺伝子をコードしていない部分にあり、離れた場所から遺伝子の発現のタイミングや量に影響を与える。

もしも本当にそうだとしたら、ある意味で理にかなっている。タンパク質をコードする遺伝子が変われば、当然ながらタンパク質が変わる。そして、タンパク質は同じ遺伝子に由来するものでも、体のあちこちで別々の役割を担っているので、変化すると、ある部分では有利でも、別の部分では生存上不利になってしまうかもしれない。一方、その発現のタイミングや量を調整する因子なら、頭部なら頭部、四肢なら四肢で、別々に働くので、個別に変わっても他には影響を及ぼしにくい。すでに絶滅した動物の研究を通じて、収斂進化のメカニズムとして、こんなことが示唆されるというのはとても興味深い。

フクロオオカミは、「近代の絶滅」種の中でも、きわだって「おしゃべり」だと思う。歴史的な議論だけでなく、最新の科学的な探究の中で、次々と新しい知見や、探究すべきテーマが見出されており、目が離せないのである。

第五章 それでも絶滅は起きる
——二一世紀、ヨウスコウカワイルカ(バイジー)

ヨウスコウカワイルカ(バイジー)の「機能的絶滅」

これまで紹介してきた「近代の絶滅種」は、現代を生きるわたしたちにとって、「会えそうで会えなかった」存在だ。ドードー、ソリテア、ステラーカイギュウ、オオウミガラス、リョコウバト、フクロオオカミはすべて一七世紀以降、二〇世紀前半までに絶滅した。

一方、二〇世紀後半、とりわけ一九六〇年代からは、IUCN(国際自然保護連合)が、生物の絶滅リスクを評価する「レッドリスト」を更新し続けるなど、絶滅危惧種への関心が世界的に高まった。以来、二一世紀の現在にかけて、大型哺乳類、大型鳥類の絶滅に一定の歯止めがかけられるようになってきた。どこを見ても絶滅危惧種だらけではあるものの、目立つ種は保護の対象となり、様々な手立てが取られている。予断を許さないとはいえ、なんとか踏みとどまっている場合が多い。

しかし、例外がある。そのうちの一つが、ヨウスコウカワイルカ(*Lipotes vexillifer*)だ。現地での呼称、英語での愛称にならって、本書では「バイジー(Baiji, 白鱀豚)」と呼ぶ[1]。

二〇〇六年、生息地である中国の長江(揚子江)で、国際チームがバイジーの徹底的な調査を行ったものの、一頭も見出すことができなかった。仮に見逃しがあったとしても、持続可能な個体群になるとは考えられず、「機能的絶滅(functional extinction)」、つまり事実上の絶滅が宣言された。

その一一年前、ぼくは、後に「最後の一頭」となるオスで、当時、唯一飼育下にあった個体、淇淇(チーチー)(二〇〇二年に死亡)と会っていたため、この報道には格別な思いがあった。自分自身が生きる時代に、このような大型動物の絶滅が起きるとは。また、自分がこの目で見た個体が、人が知る最後の一頭、つまりエンドリングになるとは……。

今回は、リアルタイムで「立ち会う」ことになった絶滅について語る。同時代、それも隣の国、中国で起きた絶滅である。自分だけでなく、多くの日本人研究者や取材者が、なんらかの形でバイジーの研究、保全、それらの取材にかかわっていた(2)。二〇〇六年の国際調査にも、二人の日本人研究者が乗船しており、その証言にも紙幅を割く。

水生生物研究所の「標本室」にて

中国湖北省武漢市にある中国科学院水生生物研究所で飼育されていたチーチーを訪ねたのは一九九五年、酷暑の夏だった。

「白鱀豚館(バイジー館)」と名付けられた建物は、サーカスのテントの形を鉄筋コンクリートでつくったかのような不思議な形状をしていた。日本の江の島水族館とＪＩＣＡ(国際協力事業団)の協力によ

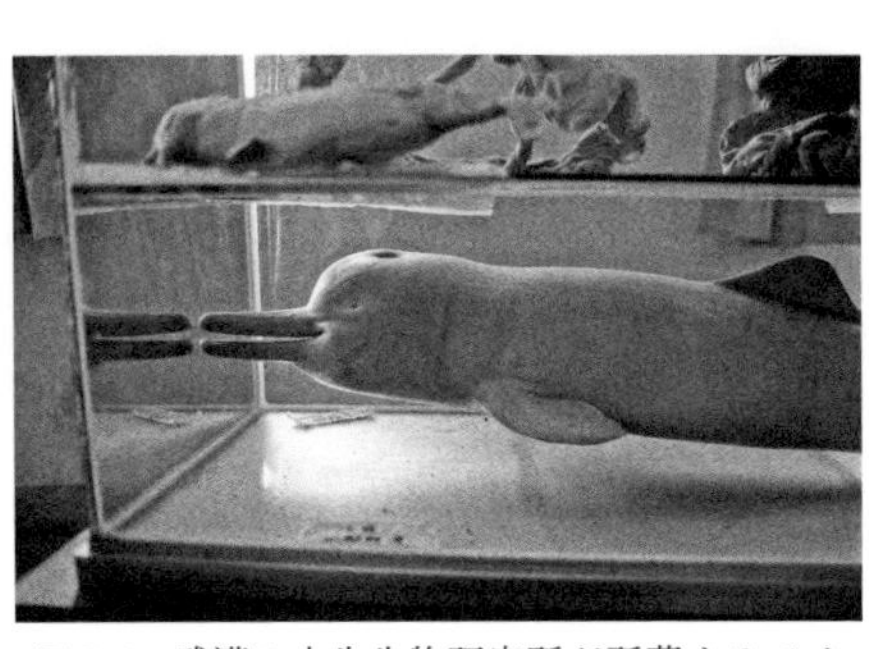

図5-1　武漢の水生生物研究所が所蔵するバイジーの標本

って建設されたもので、その中には人工飼育プールの他、飼育・研究施設が入っているとのことだった。

まずは、「標本室」に通された。すると、すでに世界で最も絶滅が危惧されるイルカとされていたバイジーの標本が数体、机の上のケースの中に無造作に置かれていた。

乾燥してぼろぼろになったように見える体長数十センチの胎児は、なかば開いた口と小さな「点」のような目が切なげだった。船のスクリューに巻き込まれて死んだ母イルカの胎内から取り出されたものだという。同じケースの中にある茶色く変色した剝製は、保護のために捕獲した直後に肺炎で死んだ若いメスのものだった(図5-1)。

バイジーの保護活動は、その時点ですでに、後手後手にまわっている感があった。長江の流域に住む四億五〇〇〇万もの人たちにとって、川の流れは生活のためのかけがえのない「大動脈」だから、いかに希少な動物の保護のためとはいえ、経済活動を制限することは難しい。それが、バイジーが陥っている苦境の主な原因だと考えられていた。

じっと見ていると、すでにこの種が滅んでしまった後で、博物館に残された標本を前に、感慨にふけっているような気分になった。もっとも、そのときの印象が、そのまま現実化してしまうとは、さすがに思わなかったのだが。

「最後の一頭」チーチー

続いて、唯一の飼育下個体チーチーがいるプールへと案内してもらった。チーチーは、一九八〇年に「ローリングフック」とよばれる漁具、つまり中国の河川で使われる延縄(はえなわ)に絡まって重傷を負った。水生生物研究所で保護された後も、傷口からの感染で生死の境をさまよい、半年をかけてなんとか回復したそうだ。以来、ずっと飼育下にある。

捕獲された時点で五歳以上と考えられており、このときすでに二〇歳以上の高齢だった。直径一〇メートル、深さは三・五メートルほどのプールの中で、独りきりで浮かび、ゆっくり泳いでいた。

ちょっと青みがかった灰色の体色の、ぽってりした個体だった。体長二メートル強、長いクチバシ、幅広い胸びれ、退化して小さな目、かわいらしいというよりもむしろ情けない感じのする表情など、カワイルカに特徴的な要素をすべて備えていた。

そして、行動面はというと——

イルカという言葉で想像するような、活発で遊び好きの印象はまったく受けなかった。やや上に反った細長いクチバシをときどき水面に突き出すように、ゆらゆらと泳いでいた。プールの壁沿いにぐるぐるとまわり続け、まるで夢うつつの中にいるように見えた。餌の時間以外は、ずっとこんな様子だと飼育員は言っていた。

もっとも、餌の時間もそれほど際立って活発になるわけではなかった。隣接する人工池で養殖されている魚を与えると、そのときだけは活気づく。まずはクチバシにくわえて、何度か挟み直すような

図 5-2　魚をくわえるチーチー

動作をして、魚の向きを整える。そして、一気に飲み込んだ。五、六尾食べると満足して、また元の状態に戻った(図5-2)。

なにしろチーチーは、この時点で狭いプールで一五年過ごしており、単調な環境に退屈しきっているのかもしれなかった。あるいは、水温管理が難しいほどの酷暑のせいで、ただゆっくり泳ぎ続けるしかなかったのかもしれない。

バイジーが科学的に見出されるまで

バイジーこと、ヨウスコウカワイルカは、中国の長江にのみ生息する川のイルカだ。かつては中流域の宜昌(ぎしょう)から河口にかけてと、洞庭湖と鄱陽湖(ポーヤンこ)など、本流とつながった大きな湖に分布していた(図5-3)。

一般名で「カワイルカ/river dolphin」とされるものは、他にもガンジスカワイルカ(*Platanista gangetica*)、インダスカワイルカ(*Platanista minor*)、アマゾンカワイルカ(*Inia geoffrensis*)、ラプラタカワイルカ(*Pontoporia blainvillei*)などがいる。かつては、これらはすべて「カワイルカ科」という分類単位にまとめられていて、起源を同じくするものだと理解されていた。しかし、現在では、インダスカワイルカとガンジスカワイルカが近縁で同属とされる以外は、別々に進化して川の環境に入り込んだものだとわかっている。にもかかわらず、クチバシが長く、目がほとんど見えないなどの特徴を共有するのは、いわゆる収斂進化の実例だ。
さて、ヨウスコウカワイルカ科のイルカで最古のものは、日本の群馬県と栃木県の一一〇〇万年前の地層から見つかったエオリポテス・ジャポニクス(*Eolipotes japonicus*,「日本の古いヨウスコウカワイルカ」というような意味で、二〇二四年に報告)だそうだ。当時はまだ浅い海を好む、沿岸性のイルカだったようだ。それが、やがて川に入り込んで、長江の流域でのみ過ごすようになった[3]。

数万年前、現生人類が流域に暮らすようになった頃、バイジーは川に棲む大型動物としてとても目を引く存在だったはずだ。中国の歴史の中でも、古くから言及されている。

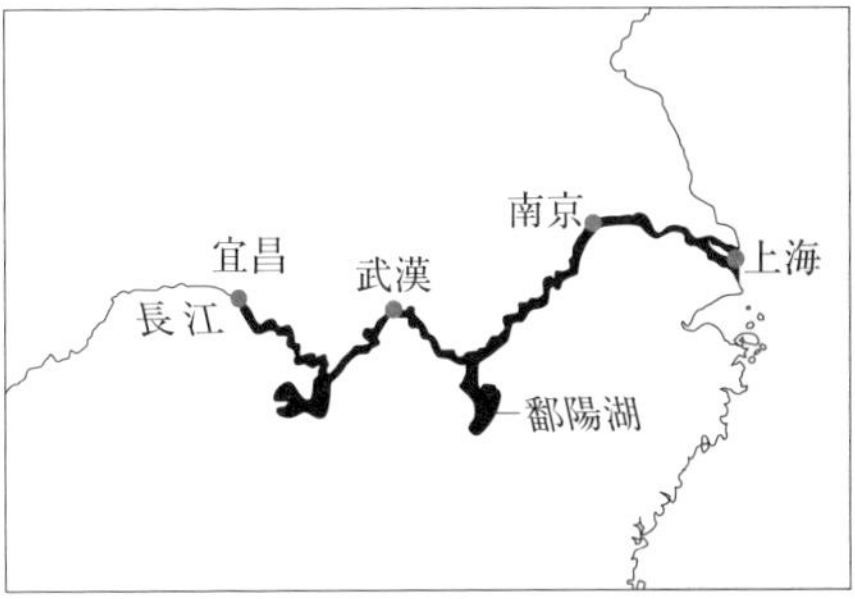

図5-3　バイジーの分布域．長江中流域の宜昌付近から，河口の上海近くまでの間で見られた

紀元前三世紀頃、漢王朝の時代の字書『爾雅』にさっそく「白鱀」として登場し、海のイルカに似た動物として紹介された。三世紀につけられた東晋の郭璞の注釈では「その正体はイルカであり、体型はチョウザメに似ている。クチバシは細長く、歯が上と下の顎に並んでいる。鼻は前頭部の中心に位置し、音を出す。筋肉は少なく脂肪が多い。胎生で魚を餌とし、大きい個体では体長二メートルを超えることもある」とかなり認識が深まり、以降、多く本草書で取り上げられた。民間伝承では、平和と繁栄の象徴と考えられ、「長江女神」(長江の女神)という愛称でも呼ばれていたという[4]。

そのようなバイジーが、西洋的な科学探索の網の目にかかり、紹介されたのは二〇世紀になってからだ。一九一四年(奇しくもリョコウバトの絶

図5-4　1914年，チャールズ・ホイと彼が撃ち殺したバイジー

滅年である)、アメリカ人宣教師の息子で、当時一七歳の少年だったチャールズ・マッコーリー・ホイ(Charles McCauley Hoy, 一八九七〜一九二三)が、長江のまわりの細い水路でカモ猟を行っていた際、ちょうどバイジーの群れを見つけた。七〇ヤード(六四メートル)ほどの距離から一頭を撃って仕留め(図5-4)、その頭骨と椎骨をアメリカに持ち帰ってスミソニアン国立自然史博物館に売却した。キュレーターだったゲリット・スミス・ミラー・ジュニア(Gerrit Smith Miller Jr., 一八六九〜一九五六)は、その標本をもとに、一九一八年、新種として記載した[5](図5-5)。

バイジーは、学名を与えられ、世界中に知られるようになったわけだが、その後の歴史は、ただひたすら衰退していくのみだった。

二〇世紀の衰退

二〇世紀前半の中国において、バイジーがどのような状況にあったのかよくわかっていない。一九八六年、国際自然保護連合(IUCN)のワークショップが、はじめて中国国内、武漢の水生生物研究所で行われた際、参加した西側諸国の研究者たちは大きなショックを受けた。

中国政府は、一九七九年、バイジーを絶滅危惧種に選定し、一九八三年には、法律で捕獲を禁止したことなどが知られており、もっとも危険な漁法として名指しされていたローリングフック漁も禁止されていた。そのことから、西側諸国の研究者たちは、バイジーの保護について比較的楽観した気持ちで参加したという。

しかし、実際に目にした生息地、長江は、鯨類の生息環境としてはひどい状態であることは誰の目にも明らかだった。禁止されているはずのローリングフック漁はあちこちで行われており、船舶の往来も激しく、工場排水による汚染もひどかった。長江本流でバイジーが生き延びることは不可能ではないかと思われた。

ワークショップの時点では、バイジーの推定頭数も、四〇〇頭（一九八二年に発表された研究。調査は七九〜八一年）、一五六頭（一九八五年に発表された研究。調査は七八〜八五年）とされ、いずれも絶滅が間近であると危惧されるものだった。

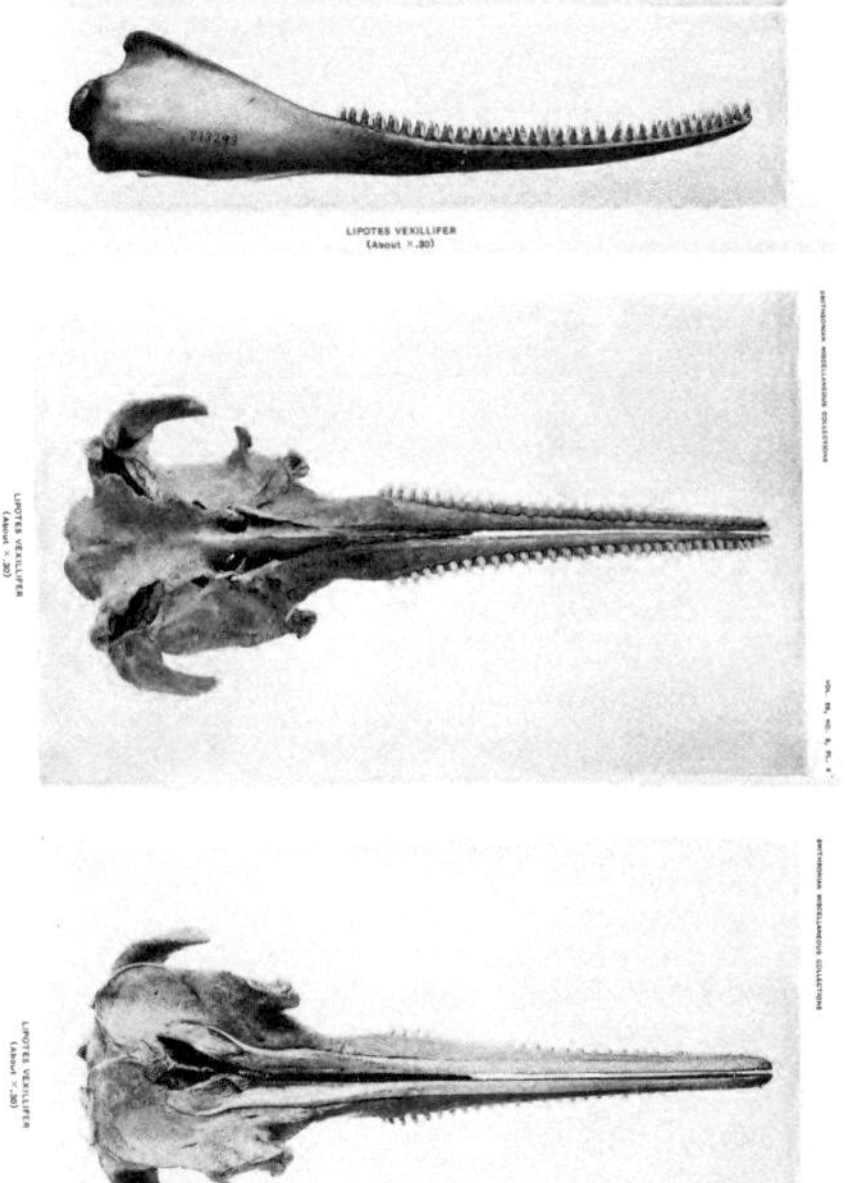

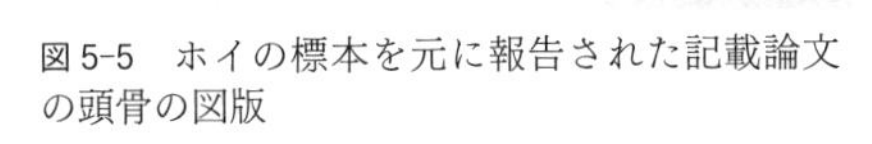

図 5-5　ホイの標本を元に報告された記載論文の頭骨の図版

そこで、ワークショップでは、保護法を制定して、長江本流で違法な漁具をしっかりと取り締まり、河川の交通を制限する保護区を設置して往来を監視すべきこと、住民への啓蒙活動を行うことなどの提言を行った。このとき、バイジーを捕獲した上で飼育下や生息地外の適した環境で繁殖させる「生息域外(ex-situ)保全」の選択肢は、まだ重きを置かれておらず、あくまでも生息地(in-situ)の環境の改善が課題とされた。

後知恵では、この時点で、すぐに本流から離れたところに半自然保護区をつくって、バイジーを捕獲、移送すべきだったという話も、研究者や保全関係者から聞く。しかし、中国では一九八〇年に捕獲されたチーチー以降、八六年のワークショップ開催までに、三頭のオスと二頭のメス、合計五頭が捕獲されており、すべて死亡していた。短いものでは捕獲後わずか一七日で亡くなり、飼育期間が一年を超えたものはわずか一頭(二・五年)だけだった。安全な捕獲方法が確立されておらず、捕獲そのものが大きなリスクだというのが当時の判断だったとされている。

しかし、ワークショップ後も、バイジーが減り続けていることを強く示唆する目視調査の結果が報告され続けた。一九八九年の報告では推定三〇〇頭(調査は七九〜八六年)、同年の別の報告では推定一〇〇頭(同八七〜九〇年、生息地の下流のみ)、九三年の報告では推定二〇〇頭(同八七〜九一年)、同年の別の報告では推定一二〇頭(同八九年〜九一年)、九八年の報告では推定一〇頭以下(同九一〜九六年)というふうに。いずれも調査方法や推定方法が違うため、直接の比較は難しいものの、急坂を転げ落ちるような減少傾向を示していることは明白だった。

湖北省石首(せきしゅ)市の三日月湖に半自然保護区が設定されたのは、一九八八年のことだ。最大五〇頭のバイジーを収容することが目標に掲げられたが、まずは、ここでバイジーが生きていけるか評価するために、同じく魚食の鯨類であるスナメリの群れが導入された。スナメリたちは問題なく生存したものの、洪水で三日月湖と本流がつながった際、本流へと逃げてしまうなど、管理上の問題が露呈することもあった。

半自然保護区での出来事

ぼくがチーチーを訪ねた一九九五年は、一瞬ながらバイジーの未来に光が見えた年でもあった。訪問の五日前、久しぶりに野生のバイジー、それも若いメスが捕獲されて、前述の半自然保護区で保護されたのだ。

半自然保護区は、水生生物研究所から車で一時間半ほどの距離にあり、何人かの研究スタッフは、その若いメスを半自然保護区に迎えるための作業にも従事したと語っていた。引き続き野生のバイジーの捕獲作戦を行い、半自然保護区内に個体群をつくっていけば、バイジーを増やすことができるだろうという期待感が、研究所には満ちていた。

そういった前向きな「気分」は、こちらにも影響を与えたと思う。チーチーの精気のない姿を見た後でも、「ひょっとして」という希望をもたずにはいられなかった。なにしろ、チーチーはオスであり、半自然保護区につれてこられたのはメスである。世界各地の水族館では、イルカの人工授精も行われるようになっていたから、その技術を使えば、次の世代のバイジーを誕生させることができるかもしれない、という淡い期待があった。

ところが、事態は暗転する。

メスのバイジーが半自然保護区にやってきた翌九六年六月、その個体は保護区内で死んでしまい、計画は振り出しに戻った。水生生物研究所の所長が九七年に来日した際、経緯を教えてくれた。

きっかけとなったのは、洪水だった。水位が上がって三日月湖が本流とつながってしまったため、一時的に仕切り網を設置することにした。かつて、増水時にスナメリたちが本流へと逃げ出してしまった経験から講じた措置だった。

しかし、それが裏目に出た。増水が一段落し、本流の水位が下がると、三日月湖から本流への流れが生じる。その際、メスのバイジーは仕切り網に絡まって溺れて死んでしまったのである。

とするならば、やはり洪水時の管理上の問題だったということになるが、実は、網に絡まる前から健康上の問題を抱えていたようだ。死体を回収して体重をはかったところ、一年前の捕獲時には一五〇キログラムはあったものが、八〇キログラムにまで激減していた。三日月湖には多くの魚がおり、食べ物がなかったとは考えられない。それを評価するために、先にスナメリを入れて確認したのである。とするなら、メスは病気だった可能性もある。しかし、高温のため、解剖時にはすでに内臓の腐敗が進んでいて、詳しいことはわからなかった……。

所長はこのメスが痩せ細っていた件をめぐって、個人的所見も述べた。

「半自然保護区に一頭だけ連れてこられた環境の変化、孤独によるストレスが原因かもしれません。バイジーはもともと群れで行動する動物なので、一頭だけで見知らぬ環境に移された場合、満足な摂餌(せつじ)を行わなくなる可能性があります」

そして「今後の方針」として、複数頭の同時捕獲を目指すと明言した。長江の環境がすこぶる悪く、今回は不幸な結果に終わったが、あくまで半自然保護区での繁殖を進めるという見解だった。

この年、ＩＵＣＮのレッドリストでは、バイジーの保全状況カテゴリーが、絶滅危惧(EN; endangered)から絶滅寸前(CR; critically endangered)に引き上げられた。

同時代の絶滅を経験する

その後、バイジーは二度と捕獲されることがなかった。二〇〇〇年、ＩＵＣＮ「種の保存委員会」の鯨類(げいるい)専門家グループ議長だったランドール・リーヴス(Randall Reeves)は、「アジアの淡水鯨類の生物学と保全」という文書の中で、バイジーの保護の失敗について、次のように述べた[6]。

「バイジーは中国では〝国宝〟とされ、ジャイアントパンダに匹敵するほど、その生存を保証するために最大限の努力を払うに値する動物である。バイジーが絶滅の危機に瀕していることは、国家の悲劇であり、国際的な恥辱である。かつては豊かな水系であった河川の荒廃が深刻化し、バイジーが衰退していった様は、語り継がれる必要がある。そのメッセージは、淡水資源は枯渇しうるものであり、人間の欲求を満たすための河川の容量は有限であるということである」

ここで語られた「国家の悲劇であり、国際的な恥辱である(a national tragedy and an international disgrace)」という言葉は、中国政府との関係を維持して、バイジーの保全を実現しようとしてきた国際チームの長として、異例ともいえる手厳しい筆致だった。

なお、この文書のエディターの一人は、日本の海洋生物学者、粕谷俊雄である。粕谷は、バイジーをめぐるワークショップに参加しており、『Baiji 危機にあるヨウスコウカワイルカ』(陳佩薫ら、編注・粕谷俊雄、江ノ島水族館、一九九二年)や『カワイルカの話——その過去・現在・未来』(編著・粕谷俊雄、鳥海書房、一九九七年)などを通じて、カワイルカについての情報を日本語で提供していた。一九八六年のワークショップ以降の国際的な科学者チームと中国側とのやりとりを、当事者の一人として経験した数少ない日本の人物である。その内容は、特に著書『カワイルカの話』においてコンパクトに語られている。

さて、二〇〇二年には、水生生物研究所の飼育プールでチーチーが亡くなり、事態はさらに悪化した。

長年計画されながらも実現しなかった国際チームが結成され、徹底的な生息地調査に乗り出したのは二〇〇六年のことだ。これまでの目視調査は中国側が行ったもので、中国には専門的な訓練を受けた専門家はいなかった。そこで、鯨類調査において世界最高峰とされる精鋭たちで国際チームを編成し、長江中流、三峡ダム直下の宜昌から河口の上海までの一六六九キロを一カ月以上かけて往復する調査が実行に移された。名付けて「長江淡水イルカ調査二〇〇六(Yangtze Freshwater Dolphin Expedition 2006)」である。(7)

華々しく始まったこの国際調査でも、一頭たりともバイジーを見つけられなかったことは、非常に重く受け止められ、調査終了後の同年一二月、調査チームによって「機能的絶滅」が宣言された。ニュースが世界に流れたのは一二月一四日のことだった。バイジーに少しでも関心をもっていた人たちは、この「同時代の絶滅」について、それぞれの日常の中で受け止めることになった。

自分自身についていえば、その日、日中、役を務めていたPTAの用事で世田谷区教育委員会事務局を訪ね、夕方には息子を地元のハンドボール教室に連れて行った、とカレンダーに書き込まれている。そして夜、子どもたちを寝かしつけた後で、このニュースを知った。

当たり前だが、すべての絶滅は、多くの人にとっては何気ない日常の裏側で起こり、それぞれの日常は普通に過ぎていく。ある生きものが絶滅したからといって、急に日々の生活が変わるわけではない。また、実感として理解できるものでもない。最初は現実として受け止めるのが難しかったけれど、しばらくすると、「絶滅」という現象がゆっくりとやってくるのだと理解した。

考えてみれば、バイジーは一九九〇年代からすでに「機能的絶滅」の状態にあった。一方、二〇〇六年に公式にその言葉が語られた後も、しばらくは新たな目撃証言が相次いだ。地元の人がそれらしい写真や動画を撮影してニュースになるのだが、それらはいずれも不鮮明で、長江のもう一種の鯨類であるスナメリや大型魚ハクレン(水面からジャンプするので遠巻きには紛らわしい)を誤認した可能性が否定できない。

すでに野生のバイジーを見たことがある人は少ない。モーリシャス島では、ドードーが姿を消してからしばらく、ずっと小柄なモーリシャスクイナが「ドードー」として語られていたという。それは、一七〇〇年前後にモーリシャスクイナが絶滅するまで続いた。同じことが今、バイジーでも起きているのかもしれない。

鳴音を聞いて行動を知る

二〇〇六年、中国の長江においてバイジーの「機能的絶滅」を宣言することになった国際調査には、日本からも研究者が参加していた。目視と音響を両輪とする調査の中で、音響班を率いた赤松友成(当時・水産総合研究センター水産工学研究所、現在・早稲田大学ナノ・ライフ創新研究機構)と、本来は目視調査の専門家でありつつ、赤松を補佐する立場で参加した笹森琴絵(現在・酪農学園大学)だ。二一世紀になって最初の大型動物の絶滅を確認したチームの中に日本からの参加者がいたのは大きなことだ。

まずは調査の音響部門のリーダーを務めた赤松の経験から、この国際調査の参加者側から見た概略を紹介する。赤松が参加したきっかけは、一九九四年、水中生物音響学の国際的な研究会で、中国から来た若手研究者と出会ったことに始まる。

「オランダのハルダーヴァイク水族館で行われた水中センサーの研究会で、中国の水生生物研究所の王丁(ワンディン)さんと出会いました。同じアジア人同士で年齢も近いということで、意気投合して、バイジーの保護をなんとかしたい、ステラーカイギュウのように絶滅させてはいけない、と話しあったのがきっかけでした」

当時バイジーは、すでにもっとも絶滅が危惧される鯨類に挙げられており、中国国内でのワークショップも八六年以来、何度も行われていた。個体数が激減していることが認識され、なんとか半自然保護区での域外保全に望みをつなげようとしている時期だった。

ところで、長江のような濁った川では、水中で行動観察はできない。しかし、鳴音(めいおん)を聞き取ることができれば、行動をかなり明らかにできる。赤松は、鯨類の音響調査の経験から貢献できるかもしれないと考えた。一方、王が属する中国科学院水生生物研究所は、まさに中国国内でバイジーの保護に直接関わる研究機関だった。

「とはいえ、当時、わたしたちは二人とも三〇歳前後で力がなく、共同研究はすぐには実現できませんでした。相談を始めた翌九五年にメスを捕獲して、半自然保護区の三日月湖に放したことをニュースで知りました。九六年に、小さなファンド(研究費)をもらったので、現地に行くしかない、と王さんに連絡を取りました。そして、武漢を訪ねて、まずは飼育下個体の鳴音を録音することにしたんです」

当時、武漢で飼育されていたのは老齢のオス、淇淇(チーチー)だ。一九八〇年からずっとプールにいて、退屈しきっているかのように見えたことを、先に書いた。赤松の印象もこれに近かったようだ。

「とても正常とは思えませんでした。プールの中で、ほとんどホイッスル音を鳴かないんです。録音した三日ほどの昼夜で、鳴いたのは二回だけ。それも、自慰をしているときでした」

イルカの鳴音にはよく、ソナー音(クリック音)とホイッスル音の二種類があると紹介される。そのうちソナー音は、いわゆるエコーロケーション、超音波を発して反射音を聴き取り、前方の魚や障害物などを把握するために使われる。一方、ホイッスル音は、個体同士のコミュニケーションにかかわるものだとされる。孤独に飼育されていたチーチーが、ホイッスル音をほとんど発しなかったというのは、切ないエピソードだ。

「一方で、半自然保護区の三日月湖にいたメスでは、水中マイクを下ろした瞬間に鳴き声を確認できました。これは主観ですけど、どこにもいない仲間を探すような、物悲しい響きでした」

赤松は「ぴぃ〜〜ん」とその鳴音を真似てみせた。高音が尾を引く、哀感の籠ったものだった。

このときの調査では、鳴音の分析から、野生に近い環境での水中行動をある程度理解することができた。バイジーの潜水周期は一〇〇〜三〇〇秒程度。水面下では、首振り運動をしながら潜降し、徐々にソナー音を発する頻度を上げていく。そして、水底近くに達してから、再び浮上する。これは、湖底を確認しつつ、食べ物を探す行動であると解釈できた[8]。

前に書いた通り、研究対象になったメスは同年(九六年)中、チーチーも二〇〇二年に、それぞれ死亡した。赤松の研究は、バイジーの鳴音と水中行動をうかがい知る唯一無二の貴重なものとなった。〇六年の国際調査の時点で、音響調査のリーダーとして、赤松に白羽の矢が立ったのは、必然的な流れだった。

国際調査が始まる

国際調査「長江淡水イルカ調査二〇〇六」は、一一〜一二月の三八日間にわたって実施された。長江本流で、バイジーが歴史的に生息したとされる全域、つまり長江中流、三峡ダム直下の宜昌から河口の上海までの一六六九キロの区間を、二隻の調査船を使って、平均時速一五キロで往復した。

「バイジーを見つけるために、目視班は双眼鏡で水面を見ていますが、鳴音から探すわたしたち音響班は、船室でずっと音を聞いていました。ホイッスル音は水中マイクからの音を直接聞き、周波数が高いソナー音はその外形を抽出する回路をかませて確認していました」

音響班のリーダーは赤松で、補佐には後であらためて登場する笹森がついた。さらに中国の学生たちが、音響調査について学びつつ参加するような立場で配置された。

長江は、中国における経済活動の幹線となる河川だ。調査チームは、片道で実に一万九八三〇隻(一〇〇メートルあたり一隻以上!)もの大型船舶とすれ違ったという。音響班にはうるさくて邪魔になったのではないだろうか。

「そうでもなかったんです。貨物船などの低周波音は、フィルタで除くことができます。また、海ではハサミで出す破裂音がうるさいテッポウエビも、淡水にはおらず、自然雑音も少ないんです」

というわけで、音響班は、むしろ静かな環境で「イルカの声」に耳を澄ますことができた。その際、必要だったのは、同所的に長江に生息するスナメリの鳴音との識別だ。ここは、すでに両者の鳴音を録音して研究したことがある赤松自身の知見が大きく役立った。

「スナメリは、ソナー音しか出しませんから、ホイッスル音を聞けばバイジーの可能性があります。また、ソナー音の音響特性もバイジーとは異なることがわかっていましたので、波形を確認すれば区別できると考えました」

一度だけの声

三八日間にわたる調査の中で一度だけ赤松は、「これは!」というホイッスル音のようなものを聞いた。

「調査の前半、川を下っている途中、昔、バイジーがよく見られた鄱陽湖の近くで、それらしい音を聞きました。そういうときのプロトコルは決まっていて、船を止めて目視も含めてみんなで確認するんです。残念ながら、その場では確認できませんでした。後で録音を聴き直したところ、単発の濁った音で、バイジーのホイッスル音だと確信はもてませんでした。遠くでかすれた声で鳴いていたのだとすればその可能性はありますが、確証がなければ「発見」とは言えません」

結局、その一瞬を除いて、赤松ら音響班が、バイジーかもしれない鳴音を聴き取ることはなかった。目視班も同様に、一度もバイジーらしきものを見いだせなかった。

「みんな「見つけてやるぞ」と意気込んで来ていて、下り(前半)はモチベーションが高かったですね。でも、南京を下ったあたりから、次第にバイジーはいないかもしれないというムードになっていきました。それでもスナメリは見つかるので、目視班と音響班が競い合うようにしながら、最後まで調査を続けました」

この調査の建付けは、バイジーだけではなく、スナメリも含んだ、長江の「淡水イルカ」を対象にしたものだ。目視班と音響班は毎夕、互いのデータを突き合わせてスナメリの記録を確認していったという。双方のデータはおおむね一致し、それは「バイジーが見つからない」ということについても信憑性を与えるものだった。

「調査後半になると、バイジーがいなかったことをどう伝えるかという議論になっていきました。見逃していたものがいたとしても、種としては、機能的に絶滅したといえるでしょう。長江では、ありとあらゆるものが過剰でした。漁獲、工場排水による汚染、船舶交通、護岸、航路維持のための浚渫など。違法な漁も毎日のように見ました。そんなところにバイジーが、仮に少し残っていても、増える要素がありません。まだ間に合うかと思っていたけれど、保全という目的に対しては失敗だった、という結論にならざるをえませんでした」

こういった議論を重ねた結果が、調査終了後に述べられた「機能的絶滅」という言葉だった。長い時間をかけて調査を行った結果がこれだというのは、研究者にとっても辛かったのではないだろうか。バイジーの絶滅を、人類の中で最初に認識することになったチームの一員として、どう感じたのだろうか。

「船に乗っている間はそこまで重大に思わなかったかもしれません。ああ、いなかったな、と事実を受けとめただけ。でも、後からじわじわきました。科レベルの大型哺乳類の絶滅。それも人間のせい。ついに人間はやっちまったな、とてつもないインパクトだな、と」

前にも書いた通り、絶滅という現象は、ゆっくりとやってくる。それは、「絶滅宣言」を出した側の研究者にしても同じなのだった。

日本からのもう一人の参加者

もう一人の日本からの参加者、笹森琴絵は、海洋生物の目視調査を中心に活動してきた人物だ。二〇〇〇〜〇四年の北方四島生態系調査、知床海洋生態系調査、釧路沖シャチ調査などに参加し、のちには日本クジライルカウォッチング協議会を設立して初代会長を務めた。海洋生物調査の専門家であり、海洋生物の写真、映像を国内外の多くのメディアに提供してきた自然写真家、環境教育の専門家などの側面をもつ。しかし、この調査においては音響班の補佐の役割を果たした。

笹森は、赤松と行動を共にしながらも、音響部門を率いる重責があった赤松とは違って、やや引いた立場から、かなり別の感じ方をしていたようだ。同じ絶滅劇の目撃者として、二人の証言を並置することは、本書で繰り返し見てきた「絶滅をどう考えるか」という議論について、「その現場にいた人たち」の間にも感じ方、考え方に一定の幅があったことを示してくれるはずだ。

笹森は、調査に参加して目の当たりにした長江について、まずこのように述べた。

「ミルクを入れたココアみたいな色の広大な川に、凄まじい数の巨大な船が常に行き交っていました。バイジーは一向に現れないし、スナメリもどこか申し訳なさそうに、水面にちょこっと黒い体を出して、また潜っていきます。人と野生動物との今の力関係、パワーバランスを象徴しているようでした。海で見るイルカやクジラたちはエネルギッシュで、自分はここにいる、と言わんばかりにジャンプしたり、船に寄ってきたり、とにかく存在感があります。普段、私が携わっている海での環境教育で、子どもたちに見せて「ほら、海ってすごいでしょう」などと言うのと真逆の光景でした」

調査に参加したメンバーは、鯨類の調査の世界では超一流で、世界中のイルカやクジラを見てきた経験豊かな面々だった。また、音響を使った大規模なバイジー探しはそれまで行われたことがなかった。ゆえに、参加者たちは自信と自負に満ちていたという。

「船に乗る前に全員で写真を撮っているんですけど、みんな生き生きとしているんです。目視班の人たちは、きっとだれもが、絶対に自分が最初に見つけてやるぞと思っていたはずです。一方、音響班は音響班で、目視よりも先に音で見つけてやるぞというようなところもありました。そして、みんなが、自分たちが見つけられなかったら誰にも見つけられないという自負心をもっていたと思います。私も、いろんな国際調査に参加してきましたけど、あれほど士気が高くて、緊張感に溢れて、だけど、みんなすごく仲が良い現場って、後にも先にもないんですよね」

船は出港し、あわただしく調査の準備が始まった。音響と目視、それぞれの班が、調査のためのセットアップを手早く行っていく。世界でももっとも洗練されたプロたちの集中力と使命感はすさまじいものがあったという。

後半に「巻き上がる」

笹森には、この調査航海の中で印象的な「三時点」があるという。つまり、出港時、折り返し時、帰港時だ。出港時のことは、すでに聞いた。

二つ目の「折り返し」とは、出発点の武漢から一六〇〇キロメートル以上を航行して上海に到着した前後のことである。片道を終えても、バイジーの影も形もなく、調査をする側も次第に雰囲気が変わってきた。

「人によって、どこでターニングポイントがあったかかなり違うと思います。早い人はもっと早く、例えば出港後、一週間ぐらいからダメなんじゃないかって言っていました。逆に、最後の最後まで

「大丈夫、大丈夫」って、多分、自分にも言い聞かせ、周りも勇気づけるために言っていた人もいました。私はやっぱり上海で、焦燥感や緊張感が高まりました。あと半分しか残っていないという状態で、ギリギリっと巻き上がる感じでしたね」

調査の半分を終えて、川の状態が絶望的であることを知り、普通のメンタルであればモチベーションを失うところだろう。しかし、笹森は「ギリギリっと巻き上がる」と表現した。

「緩んできたねじを、一気に巻き直す、と言いますか。例えば、私は鯨類のウォッチング船に同乗して調査することがよくあるんですが、港を出て、最初は暢気にいろんな説明をしたりしながら進んでいきますよね。でも、折り返すときになっても、目当てのクジラやイルカを見つけられないでいると、一気に無口になります。とにかく見つけようと、張り詰めて、張り詰めて、ああ、ここまで来たら、もうさすがにダメだというときに、シャチが見つかったり、イルカが見つかったりするんです。思い通りにはならないんだぞ、と自然界から言われているような気もするんですけど」

調査のプロである笹森も、他のメンバーたちも、復路にはさらに集中力を増した。にもかかわらず、発見がなかったことは、事後の世界を生きるわたしたちにとっては周知の事実だ。

この時期に、笹森は、目視調査のリーダーだった海洋生態学者ボブ・ピットマン(Robert Pitman, 当時は米国海洋気象センター所属)と印象深い会話を交わしている。ピットマンは、南極海におけるシャチなど、鯨類研究や保護分野で世界的に有名な人物だ。

「なぜ、こんなことが繰り返されるのだろう、と。進化の中で、絶滅自体は起きて当たり前だけれども、今は人間が原因になっている。人間はそれを悲しむことができる生きものなのに、なぜ繰り返すんだろう、と毎日のように果てることなく話し合っていました。このプロジェクトのように、保護しようと必死で努力をする人間がいて、でも、一方では自然界を破壊することを繰り返す人たちがいて、もしかしたら私自身もそれに加担をしていて、というふうにぐるぐる回ってしまい……」

絶滅を引き起こすのは人間で、それを悼むのも人間である、ということは、第三章で紹介した、アルド・レオポルドのエッセイ「ハトの記念碑について」でも語られた古くて新しいジレンマだ。国際調査のメンバーは、おのずとそのジレンマを強く意識せざるをえなかった。

この難しい問いに対して、世界的な研究者であり保全活動家でもあるピットマンはどのように答えたのだろうか。

「本当に、彼とは毎日のように話したんですが「僕にもわからない。でも、伝えることはできる」というような意味のことを言われたんです。科学者として、とにかくその生きものを見て、伝え、伝えることで守りたい、というふうに受け止めました」

ゆっくりやってくる絶滅

笹森にとって、忘れられない三つ目の時点、つまり、調査の終わりがやってきた。

「理由が思い出せないんですが、なにかの事情で、私と赤松は、終着の港の少し手前で船を降りたんです。それでも私はまだ諦めておらず、桟橋から船が行ってしまうのを見ながら、バイジーを探していました。それから機材を片付けて、陸路で終着の港に向かいながらも、そのわずかな距離の中で仲間たちが見つけることを信じていました。到着したときには、すでに中国側のリーダーだった王丁（水生生物研究所）と、目視調査のリーダーだったボブ・ピットマンが記者会見をしているところでした。私たちは、その会見を、記者さんたちと同じ側で聞きました」

それは、バイジーの「機能的絶滅」を語るものだった。船上でも多くの議論がなされたことでもあった。しかし、笹森は内容がまったく頭に入ってこなかったという。

「何が起きているのか頭の中で処理できず、気持ちはもっと処理できませんでした。後で、テレビで王丁が話しているのを見て、ああそうなんだと飲み込みました。自分自身が調査に携わって、その結果を導き出した一人だということも受け入れられなくて。まるで夢うつつというか、悪夢の中にいるようでした。本当に納得したのは、私が拠点にしている北海道の室蘭市に戻って、自分も取材を受けて、調査結果を説明する私自身の声を耳で聞いて、やっぱりそうなんだと思ったときかもしれません」

繰り返すが、本当に、リアルタイムで経験する「絶滅」は、思うよりゆっくりとやってくる。確定した事実がいきなり突きつけられるわけではなく、徐々に確実性が増し、認識が置き換わり、実は大きなことが起きたのだ、と気づいたときに呆然とさせられる。バイジーの「絶滅」は、そういった意味でも、この数百年繰り返されてきたことの最新の事例だ。

参加したメンバーたちの中では、笹森は、環境教育に携わる指向性を強くもっていたため、後々の行動に大きな影響があったという。

「この歴史的な出来事に自分がかかわって、同じ船の上で、人々の心の動き、気持ちとか情熱とか思いやりとか失望とか、そういったものを含めて経験したことは、その後、私の行動の礎になっているんです。最初は、できるだけ客観的に語ろうとしていました。感情にまつわる議論は、ある意味押し付けにもなりやすく、じゃまになることもあるので。でも、最近になって、自分の役割として、感情的な部分も人に伝えるべきだろうと思うようになりました。というのも、心に訴えかけないと伝わらない人、興味をもたなかったり、受け止めることもできない人がいるんですよね。特に子ども、それに大人でも、科学論文に接しない人は、大部分がそうかもしれません」

そういった理由から、笹森は、二〇〇六年に長江を旅した調査チームが目撃した「絶滅」を、本書のために、自らの心の動きを含めてより立体的に語ってくれたのだった。こういったことを、わたしたちの社会から出た人物が日本語で伝えてくれるということは、思いの外、大切なことだ。

おそらくは絶滅

ＩＵＣＮのレッドデータリストのカテゴリーは、国際調査の後、二〇〇八年になってから、従来の絶滅寸前(ＣＲ)に加えて新たな文言が付与された。

Critically Endangered (Possibly Extinct)

つまり「おそらく絶滅(Possibly Extinct)」という情報が加えられたのである。

二〇一七年には、スナメリの生息数を把握するために、二隻の船がそれぞれ長江を三二〇〇キロメートル以上航行した。その結果、二〇〇六年の調査に比べるとずっと多くのスナメリを見出すことができたが、やはりバイジーは影も形もなかった。「おそらく絶滅」の「おそらく」が取れるのは、時間の問題であるように思える。

一方、スナメリの保護については、個体群の復興の道がうっすらと見えているようだ。バイジーでの手痛い失敗に背中を押されて、中国政府は目下、スナメリを、パンダやトキ並みの保護対象としている。本来バイジーのために作られた半自然保護区などで繁殖を行いながら、長江の生息環境を向上させることにも本腰を入れ始めた。二〇二一年からは「重点水域」での「一〇年禁漁」が始まり、スナメリだけでなく、多くの川の生きものを絶滅から救うことが期待されている。バイジーの犠牲を経て、本格的な取り組みが、今やっと緒に就いたように見える。

第六章 ドードーはよみがえるのか
——二一世紀、「脱絶滅」を通して見えるもの

脱絶滅のはじまり

最先端のゲノム編集技術や生殖補助技術を使って、絶滅動物を復活させることを「脱絶滅」と呼ぶ。この言い方には不正確さが潜んでいるのだけれど、少なくとも一般的にはそのように捉えられている。脱絶滅は、少し前まではSF小説の中の話だった。しかし、近年、絶滅種の全ゲノムが決定できるようになり、簡便なゲノム編集技術が普及したことで、現実味を帯びてきた。

二〇一二年には、実業家のスチュアート・ブランド(二〇世紀のヒッピー向け雑誌『全地球カタログ(ホール・アース)』の制作者、編集者として知る人もいるだろう)らが、「リヴァイヴ&リストア」(revive & restore,「復活と復元」のような意味)という非営利組織を設立した。「絶滅危惧種と絶滅種の「遺伝的救済」(genetic rescue)を通じて、生物多様性を拡大する」ことを目標に掲げ、ちょうど絶滅一〇〇周年が迫っていたリョコウバト(一九一四年に絶滅)の脱絶滅計画を公表した。「脱絶滅(de-extinction)」という言葉が提案されたのは、財団設立に際してハーバード大学で行われた会合の中でだったと言われている。[1]

以来、この言葉は、メディアなどでも使われるようになり、二〇一三年には「ナショナルジオグラフィック」誌が大きく取り上げたり、ナショナルジオグラフィック協会も協力したうえで、自然保護活動家、ゲノム技術の従事者、科学者、環境倫理学者を集めた「TEDx脱絶滅会議(TEDxDeExtinction conferecne)」が開催されたりした。二〇一五年、財団は、ケナガマンモスの脱絶滅計画を追加公表した。

二〇二一年には、脱絶滅を目的に掲げる企業、コロッサル・バイオサイエンシズ(Colossal Biosciences)社が、ハーバード大学教授のジョージ・チャーチと連続起業家のベン・ラムによって設立されたことでさらに注目が集まった。コロッサル社は、ケナガマンモス、ドードー、フクロオオカミを、脱絶滅の対象種として掲げている。

さて、こういった脱絶滅の取り組みは、どれだけ真に受けてよいものなのだろうか。もしも、本当に絶滅種が、将来、戻って来るのだとすれば、本書で描いてきた「失われたものは取り戻せない」という痛切な物語は前提から変わってくるし、アルド・レオポルドがリョコウバトについて語った「まったく生きていないことによって、永遠を生きている」という言葉も、別の意味合いを帯びるように感じられる。一方で、こういった取り組みが、掛け声だけは威勢がよいものの、結局はまやかしの「ゾンビ・サイエンス」であるという意見も聞く。

近代の絶滅種たちが今もわたしたちに語りかけてくる最新のテーマとして、概略を見渡して、理解しておきたい。

三つの手法

カリフォルニア大学サンタクルーズ校古代ゲノミクス研究室のベス・シャピロ教授は、いわゆる古代DNA(ancient DNA)解読の専門家だ。一万年、いや何十万年もの間、シベリアの永久凍土に埋もれていたケナガマンモスの標本からDNAを抽出して、ゲノムを決定するなど多くの研究を成し遂げてきた。なお、古代DNAとは、マンモスのように名実ともに「古代」種のものだけでなく、ドードー、リョコウバト、フクロオオカミといった数百年前、数十年前のものも含めてそのように呼ぶ。DNAは、動物の死後、速やかに断片化してしまうのだが、その断片を上手につなぎ合わせたり、死後に変化してしまった部分を復元するのが古い(ancient)DNA研究の特徴だ。

シャピロは、リヴァイヴ&リストアの評議会メンバーの一人で、「アドバイザー」という肩書をもっている。さらに、コロッサル社においては、主任科学責任者を務める。つまり、現行の大きな脱絶滅計画の大半にかかわっているという意味で象徴的な人物の一人だ。二〇一五年の『マンモスのつくりかた——絶滅生物がクローンでよみがえる』(宇丹貴代実訳、筑摩書房)で脱絶滅について一般的な解説を試み[2]、二〇一六年の論文、「脱絶滅への道——我々は絶滅種の復活にどこまで近づけるか[3]」において、学術的にも脱絶滅を定義しようとした。シャピロの意見では、脱絶滅は「絶滅種の生態系における代理種」をつくり出すのに有効な方法だという。

代理種(proxy)とは、かつての絶滅種が生態系の中で果たしていた役割を、代理として果たしうる種のことだ。様々な技術によってそのような種を作出することができるというのがシャピロの考えであり、脱絶滅の推進者には広く受け入れられている。

まず、シャピロが紹介している脱絶滅の三つの手法を紹介しよう。

戻し交配

戻し交配(Back-breeding)は、ある系統がもつ特性を、別の系統に取り込ませたいときに使われる品種改良の技術だが、場合によっては脱絶滅に使える。絶滅した動物の子孫に相当する生きものが今も生きているか、とても近い亜種にその特徴が残っている場合だ。前者については、ヨーロッパの野生のウシで、家畜牛の祖先となったオーロックス(*Bos primigenius*)、後者についてはサバンナシマウマの亜種であるクアッガ(*Equus quagga quagga*)で、試みられた事例がある。

ここではオーロックスを例に取る。

オーロックスは、現在のウシよりも大きく、角が前方を向き、攻撃的な気性をもっていた。こういった特徴は、今も家畜牛の中にも見られるが、それらは多くの品種の中に「散らばって」いる。

そこで、散らばっている諸特徴を、一つの品種にまとめていく方法が考えられた。例えば「大柄な品種」に「前方を向いた角」という特徴を取り込ませたいなら、まず「大柄な品種」と「前方を向いた角をもつ品種」をかけ合わせる。そして、生まれた子の中から「前方を向いた角」をもつ子だけを選抜し、再び「大柄な品種」の親とかけ合わせる。さらに生まれた子の中から、「前方を向いた角」をもつ子だけをまたも選抜し、「大柄な品種」の親とかけ合わせる、といったことを続けていく。すると「大柄な品種」の大柄な部分はそのままに、「前方を向いた角」という特徴を取り込むことができる。実際には、過度の近親交配を避けるために、常に親とかけあわせるわけではないが、概念としてはそういうことだ。そして、オーロックスの特徴をもつ様々な品種から、オーロックスの特徴を集めて一つの系統へと集中させることができれば、オーロックスに近いウシが誕生することになる。

このような試みは、一九二〇年代から、ドイツのそれぞれ別の動物園の園長だった兄弟、ルッツ・ヘック(ベルリン動物園長。一八九二〜一九八三)とハインツ・ヘック(ミュンヘンのヘラブルン動物園長。一八九四〜一九八二)が、すでに行っている。彼らがつくり出した品種は、今ではヘック牛と呼ばれており、必ずしもオーロックスの復元に成功したものではないと評価されている[4]。

現在、新たにオーロックスを戻し交配で復元する取り組みが、少なくとも三つ行われているという。ヘック兄弟の時代とは違い、オーロックスの七〇〇〇年前の化石遺体からゲノムが得られているため、家畜牛の各品種のゲノムと比較したうえで戻し交配を計画することができるのが強みだ。

クローンを作製する

クローンとは、もともと、無性生殖する生きものの子世代が、親と同じ遺伝情報をもっていることを指して使われていた言葉だ。ところが、一九七〇年代なかばに、脊椎動物でも親と同一の遺伝情報をもった子を誕生させる技術が実現し、そういった技術で生まれる子についても使われるようになった。一九九六年、哺乳類のクローンとして、最初に発表されて世界に衝撃を与えたのは「クローン羊ドリー」である。以降、技術は洗練され、多くの哺乳類でクローンの作出が実現している。

鍵となるのは、体細胞核移植(SCNT; Somatic cell nuclear transfer)と呼ばれる手法だ。一般に、脊椎動物の体細胞は、受精卵がもつような様々な細胞に分化できる能力(全能性)が失われている。しかし、ある個体からとった体細胞の核を、未受精卵(卵の核を除去した除核卵)に移植すると、体細胞の核がリプログラミング(再プログラム化、初期化とも)されて、全能性を取り戻すことがある。

クローン技術で生まれてくる子は、体細胞の核を提供した親とまったく同じ核ゲノムをもっている。そういう意味で、親と遺伝的にほぼ同一だ(もっとも、核ゲノム以外にもある遺伝的な要素、例えば、ミトコンドリアゲノムは、卵細胞を提供した個体のものがそのまま残る)。

大きな問題は、この方法で、クローンをつくるためには、状態のよい体細胞から核を取り出す必要があることだ。だから、最近絶滅して、生前に採取・培養・凍結などされた細胞が残されているごく限られた動物だけが、対象になりうる。

具体例として挙げられるのは、スペインアイベックスの亜種ブカルドだ。

ブカルドの復活と二度目の絶滅

スペインアイベックス(*Capra pyrenaica*)は、イベリア半島の山岳地帯に棲むウシ科ヤギ属の動物で、後ろ向きに屈曲した立派な角をもつ。見栄えがするために狩猟対象になりやすかったこともあり、すべての亜種が絶滅か絶滅危惧の状態にある。ブカルド(ピレネーアイベックス、*Capra pyrenaica pyrenaica*)

は、ピレネー山脈やカンタブリカ山脈東部に生息していたものの、二〇〇〇年に絶滅した。

一九九九年の時点では、すでに最後の一頭を残すのみになっていたため、「エンドリング」のメス「セリア」を一時捕獲して、耳と横腹の皮膚からサンプルを採取した。そして翌年、セリアが、山中で死亡し、亜種の絶滅が確定すると、冷凍保存してあった皮膚の細胞（線維芽細胞）から、クローンをつくる脱絶滅計画が進められることになった。

家畜ヤギの未受精卵七八二個に核移植が施され、発生が始まったものは、やはり家畜ヤギの代理母の胎内に託された。そして、たった一頭のみが、出産にまで至った。生まれた子は、「セリア」とまったく同じ核ゲノムをもつという意味で、まぎれもないエンドリングの再現だった。クローンの赤ちゃんブカルドが帝王切開で取り出された二〇〇三年七月三〇日は、人類がはじめて、持てる技術を使い絶滅動物を復活させた「記念日」といえる。

もっとも、これは非常に苦い経験ともなった。生まれた赤ちゃんブカルドは、わずか一〇分後に息を引き取ったのである。解剖したところ、肺が十分に機能しない障害があったことがわかった。復活して一〇分後、二度目の絶滅を経験するという、なんともいえない結末となった。(5)

もっとも、赤ちゃんブカルドが元気に生まれていても、本当の意味で脱絶滅したとはいえなかったかもしれない。一頭だけ存在したとしても繁殖はできないし、遺伝的多様性もない。つまり「機能的絶滅」と考えられても仕方がない状態だった。

古代DNAを解読し、近縁種をゲノム編集する

二一世紀になって、古代DNAを読むことと、ゲノム編集を行うことの双方の技術が整った。それによって、戻し交配でもクローンの作出でもない第三の方法がにわかに現実味を帯びてきた。絶滅動物の標本から抽出されたDNAから近縁種との遺伝的な違いを把握し、近縁種にゲノム編集を施すことで絶滅種に近づける、というものだ。

もっとも、現在の技術では、全ゲノムを復元することは難しい。例えば、アジアゾウとケナガマンモスは、五〇〇万年前に枝分かれした近縁種だが、一頭のアジアゾウと二頭のケナガマンモスのゲノムを比較した研究では、双方の塩基配列の相違が一四〇万箇所に及んだ[6]。論文が書かれた段階では、同時にゲノム編集できる箇所の数は、せいぜい数十カ所だったし、その後も、一四〇万箇所を変更できる技術はない。したがって、違いをすべて反映させることは、当面、非現実的だ。あくまで表現型に影響を与える遺伝子型はどれなのかを研究したうえで編集を行う方法が模索されている。

このように技術的な制約はまだ大きいのだが、クローンや戻し交配に比べて、圧倒的な優位性があるのは、適用可能な範囲が広いことだ。「近代の絶滅」種は多くが対象になりうるし、永久凍土から見つかるなど条件がよいマンモスの標本では一〇〇万年前の牙からDNAが抽出できて塩基配列を読めたという事例も二〇二一年に報告されている[7]。

そのようなわけで、今、「脱絶滅」という言葉が使われるとき、それが意味するのは、多くの場合、この三つ目の「古代DNAを解読し、近縁種をゲノム編集する」手法だ。そもそも「脱絶滅」という

言葉がつくられ語られたのが、この手法による取り組みを関心事とする会合においてである。

なお、哺乳類の場合、近縁種の体細胞の核をゲノム編集した後でとる手法は、クローン技術(体細胞核移植)そのものだ。ゲノム編集済みの核を、除核した卵に入れることでリプログラミングし、発生を開始させる。そのため、クローン技術の確立は「前提」となっている。

代理種(Proxy)をつくり出す

ここまでですでに気づいている方が多いと思うが、脱絶滅のいずれの手法を取っても、もともとの絶滅種が完全に復元できるわけではない。

戻し交配では、見た目を近づけることはできても、ゲノムはかなり違うだろう。絶滅種のクローンは、核ゲノムについてはまったく同じだが、ミトコンドリアゲノムは未受精卵を提供した近縁種のものだ。また、生物の表現型は、遺伝子型とその生物が発生し生活する環境との相互作用の結果なのだから、発生の段階から別の種の胎内環境に晒されることで、無視できない差異が生まれる可能性も否定できない。

そして、「古代DNAを解読し、近縁種をゲノム編集する」方法は、目下、いくつかの表現型の違いを選んで、近縁種に導入することを目標にしている。例えば、ケナガマンモスの脱絶滅として語られるものは、実際には「マンモスの特徴をもったアジアゾウ」をつくり出すことだ。

だから、人のせいで絶滅してしまった生きものを復活させる夢を抱いたとしても、今のところ、幻想だ。さきほどの「脱絶滅の三手法」をまとめた論文で、シャピロは、絶滅種の完全なコピーをつくることは目標にせず、絶滅種がかつていた生態系の中での地位をかわりに果たせる生きもの、つまり「代理種」をつくる手段として、脱絶滅を位置づけるべきだとした。

ここから先は、具体例を見ながら理解を深めていこう。「代理種」がいかなるものかについても、そのなかで触れていく。

「巨人の骨」から「絶滅」の認識へ

「近代の絶滅」よりもはるか前に絶滅したケナガマンモス(*Mammuthus primigenius*)は、英語ではウーリーマンモス(Woolly mammoth)と呼ばれ、大変人気がある生きものだ。一時は、シベリア、アラスカ、カナダの北部などに広く分布していた。オスの肩高は三メートルを超えることもあり、現生のアフリカゾウサイズだったといわれている。

最終氷期のシベリアやアラスカを生きたマンモスなので、長い毛、分厚い皮下脂肪、身体の熱を逃がしにくい小さな耳や短い尻尾など、はっきりとした寒冷地適応を果たしていた。最近のゲノム研究からは、低温でも機能を維持する赤血球をもっていたこともわかっている。

絶滅時期は、シベリアの大陸部では、一万四〇〇〇年から一万年前だ。いわゆる「更新世末の大量絶滅」の実例の一つといえる。その原因については、人類による狩猟と、気候変動などの環境変化の二大要因が指摘されており、それぞれの寄与割合については議論がある。

化石は古くからヨーロッパでも知られていた。長らく「巨人の骨」という解釈をされてきたが、一八世紀末に、フランスの比較解剖学者ジョルジュ・キュビエが「過去に生きていたが今はいないゾウの一種」と看破した。これは、人類が絶滅という現象に本格的に気づいた初期の例だ。もっとも、人が「人為の絶滅」に気づくには、第二章で触れたように一九世紀を待たなければならなかったと考えられる。

マンモスの脱絶滅

ケナガマンモスを復活させたいという考えは、二〇世紀中からあった。まずは、永久凍土の中で眠っていた遺体から精子や卵子を取り出して受精卵にするという案が検討されたが、いかに低温とはいえ死後一万年以上もたった遺体から、無傷の生殖細胞を取り出すのは難しいことがわかった。そこで、二一世紀になってからは、保存状態のよい体細胞を見つけて、クローンをつくれないかという考えも出た。しかし、こちらもやはり無理があるようだ。

そこで、現在の「古代DNAを解読し、近縁種をゲノム編集する」アプローチが、二〇一五年以降に大いに注目を浴びるようになった。

主導するのはハーバード大学のジョージ・チャーチ教授。ゲノム工学、合成生物学といった新技術を応用した先端的な研究で知られ、起業家精神に富んだ研究者としても名高い。「脱絶滅」に関しては、リヴァイヴ&リストアのアドバイザーをつとめ、コロッサル社では共同創設者となるなど、常に話題の最先端にいた。

ケナガマンモスの脱絶滅計画を、公表されている手順に則って書き記すと、次のようになる。[8]

保存状態のよいケナガマンモスの標本を見つけ、多くのケナガマンモスの古代DNAを読み、できるだけ欠落の少ないゲノムを手に入れる。また、近縁種であるアジアゾウのDNAを読み、正確なゲノムを手に入れる。

これらは、改善の余地はあるとはいえ、実現済みの部分だ。

なお、ケナガマンモスのゲノムを決定するためには、前提として、近縁種であるアジアゾウのゲノムが必要だ。古代DNAはあまりに断片的なので、得られた塩基配列をどのようにつなげて全体を復元すればよいのかわからない。そこで、既知のアジアゾウのゲノムを参照し、似ている部分を探しながらパズルのピースをはめていくような形で再構成していく。「絶滅種の全ゲノムが決定された」といわれる場合は、たいていこの方法が取られている。

さらに手順は続く。

マンモスの寒冷適応にかかわる重要な遺伝子を特定し、アジアゾウの細胞にゲノム編集技術でその配列を組み込む。すべてゲノム編集を行ったうえで、ゲノム編集がうまくいっているか確認する。さらに、編集された細胞の核を、アジアゾウの未受精卵に移植し、健康なアジアゾウの代理母の子宮で、妊娠と誕生に至る。

寒冷地に適応するために重要なゲノム編集候補には、すでに挙げたような、長い毛、分厚い皮下脂肪、小さな耳や短い尻尾、低温でも機能を維持する赤血球といった特徴も含まれている。これらをアジアゾウのゲノムに組み込むのは、未踏の技術で、まさに研究開発の焦点となる部分だ。そして、ゲノム編集に成功すれば、後は、すでに他の種で成功例のある様々な技術の応用だ。

もっとも、後半の「他の種で成功例のある」部分も、実際には、かなり大きな技術的跳躍や、倫理的問題を抱えている。まず、アジアゾウの未受精卵への核移植には、絶滅危惧種であるアジアゾウの卵を使わなければならないという問題がある。採取のためにはメスに負担をかけることになる。ブカルドのクローン個体をつくるためには、七八二回もの核移植を行って、やっと一頭だけが誕生に至ったことを思い出そう。また、代理母技術も、そう簡単な問題ではない。アジアゾウの妊娠期間は二二カ月であり、「脱絶滅マンモス」も同程度の妊娠期間が必要だろう。そして、実験的な試行は、一回や二回では済まないはずだ。長い期間と回数にわたって、アジアゾウのメスを拘束し、妊娠にともなうリスクにさらすことになる。

というわけで、チャーチらは、手順をさらにアップデートしようとしている。

卵採取の問題ついては、アジアゾウの未受精卵を使わず、いわゆるｉＰＳ細胞（人工多能性幹細胞）を使って、体細胞から未受精卵や精子をつくることができればよい。チャーチとコロッサル社は、二〇二四年になって、アジアゾウのｉＰＳ細胞の樹立に成功したと発表した。(9)

また、子宮を貸す代理母のリスクを解決するために、人工子宮をつくる研究に着手したという。これは遠大な試みだ。今のところ、哺乳類において、初期発生から誕生までのすべての段階を人工子宮で育てることに成功した事例は報告されていない。

以上、ここまでの課題を乗り越えて、誕生するのは、ケナガマンモスのコピーではなく、「ケナガマンモスの特徴をもったアジアゾウ」だ。人類が狩猟で絶滅させてしまったかもしれない生きものを復活させたいという動機なら、「これはその動物ではない」ということになる。

いにしえのマンモスステップを復元する

チャーチとコロッサル社は、脱絶滅の取り組みを、あくまでマンモスが生態系の中で果たしていた役割を果たしうる代理種をつくり出すこととして、正当化している。では、ケナガマンモスが生態系の中で果たしていた役割とはどんなものか。

かつてケナガマンモスが生息していたシベリアやアラスカには、現在は、ツンドラと呼ばれる大平原が広がっている。地下には永久凍土層があり、短い夏の間だけ表面が融解する。地面はコケ類や地衣類に覆われ、泥炭地も多い。まばらながら、樹木も存在する。

ところが、こういった景観は、ケナガマンモスが生きていた時代には、もっと別のものだったという説が力を得ている。「マンモスステップ」とよばれる草原が、シベリアとアラスカの北極圏を取り巻く地域に広がっていた。それは、アフリカのサバンナに匹敵する生産力をもち、現在からは想像できない多様な大型動物相（メガファウナ）を育んだという。[10] ケナガマンモス、ケサイ、ホラアナライオン、ウマ、トナカイ、バイソンなどがその構成員で、永久凍土からしばしば遺体が発見される。

草原はこういった動物たちと相互作用することで維持された。具体的には、大型の動物が地面を踏みしめて歩くことで、コケ類や地衣類はかき混ぜられてしまい、むしろ、短い時間で勢いよく育つ草本が有利になる。草食獣がそれを食べ、フンをすることで、草原の生産性が増し、より多くの個体を養えるようになる、というふうに。

このようないにしえの生態系を取り戻すための代理種をシベリアに放つのが、チャーチやコロッサル社の目標になっているのである。

地球温暖化に歯止めをかける？

何をいまさら、と思う人も多いだろう。すでに別の自然が定着している場に、わざわざ「マンモスもどき」を導入して、草原にする意味がどこにあるだろうか、と。

そこには、なんと、地球規模の環境問題がかかわってくる。

永久凍土層は、北極圏をぐるりとめぐる形で帯状に分布しており、その面積は、地球の陸地の実に二割にも及ぶ。そして永久凍土の中には、動植物の遺体や排泄物に由来する有機物が大量に閉じ込められている。それらが融けてしまえば、大量のメタンや二酸化炭素が大気中に放出される。これらの温室ガスの量は膨大で、地球の平均気温を押し上げる。するとさらに永久凍土は融け、メタンや二酸化炭素が解放され、気温は上がり……という望ましくないフィードバックがまわりはじめる。

では、永久凍土を凍結したままに留めるにはどうすればいいだろうか。

その答えが、ケナガマンモスの代理種を放つことなのである。にわかに信じがたいかもしれないが、マンモスステップのような草原は、現在のツンドラよりもはるかに永久凍土を維持しやすいという。

永久凍土は、気温が氷点下数十度にも下がる冬の間に、できるだけ冷たい外気に直接的に触れて、奥の奥まで深く凍らなければ、夏場に融けやすくなる。しかし、現在では、冬場に表面を覆う雪が断熱材の役割を果たし、冷気が伝わらない。マンモスのような生きものがいれば、雪を掘り起こし、その下の草を食べるだろうし、さらに地面を掘り起こしたりするだろう。それによって、雪よりも何十度も冷たい外気が永久凍土を直接冷やすことになり、深い凍結状態を維持しやすくなる。

さらに、マンモスのような超重量級の生きものは、草原にある樹木をなぎ倒して、森林に変わってしまうことを防ぐ。針葉樹の暗い緑は、太陽からの入射を多く受け取りやすい。それが地面に伝わると、永久凍土の温度が上がる。だから、マンモスの代理種によって「森林化」を防ぐことも大事だ。

ケナガマンモスの代理種が誕生したら、こういった考えを実証するために、シベリアにある面積一六〇平方キロメートルの実験場「更新世パーク」(更新世は二五八万年前から一万一七〇〇年前を指す地質年代だが、ここでは「マンモス時代」と理解しておこう)に放つ。これは、いわば「マンモスステップを再生する実験場」だ。

更新世パークの提唱者、推進者は、ロシアの生態学者で、ロシア連邦サハ共和国の北東科学基地所長セルゲイ・ジモフ(Sergey Zimov)と、息子のニキータ・ジモフ(Nikita Zimov)の父子だ。一九九六年、同共和国のツンドラの一部を囲い、ヘラジカ、ウマ、シカ、バイソン、トナカイ、フタコブラクダなどの大型草食獣を順次、放すことで、草原の再現実験を開始した。もっとも、マンモスのような最重量サイズの草食獣はいないため、第二次世界大戦で使われていたという古い戦車を軍から購入して走らせることで、その役割を代替している。戦車で木をなぎ倒し、雪に穴を開け、コケ類と地衣類を踏みつけてかき混ぜるのである。

ジモフ父子の努力は明確な結果を生み出した。ジモフ父によると、更新世パークの地表の凍結温度は、冬のピーク時、雪に覆われた土地に比べて二〇度も下がることが確認できているという[11]。

とはいえ、本当に温暖化対策に役立たせようとするなら、マンモスの代理種をシベリア全域に放たなければならなくなるわけだし、そもそも、アジアゾウをベースにしたその生きものが、「設計」通り健康に生きていけるかもわからない。仮定が多すぎて、なんとも評価しがたい。

鳥類の脱絶滅には始原生殖細胞を使う

鳥類の脱絶滅は、哺乳類とはかなり事情が違う。

哺乳類の場合、近縁種の体細胞の核ゲノムを編集した後、その核を、近縁種の未受精卵に移植してリプログラミングし、近縁種の代理母の子宮で育ててもらう。

しかし、鳥の場合、様々な困難が立ちはだかる。近縁種の未受精卵を得ようにも、鳥の卵は輸卵管を下りながら成熟するので、どこにあるのかわからない。かりにそれを得られても、メスを一羽殺すことになる。また、卵には卵黄が付着していることから、核の場所を特定しにくい。数々の困難を乗り越えて、ゲノム編集済みの胚をつくることができたとしても、鳥には哺乳類のような子宮がないため、胚をどこに戻せばいいのかわからない。

そこで、かなり奇抜で、少々回り道にも思える方法が提案されている。それは、始原生殖細胞(PGC; Primordial Germ Cells)を使ったものだ。

始原生殖細胞とは、その名の通り、生殖細胞の源となるものだ。メスなら卵巣において卵子となり、オスなら精巣において精子となる。実は、鳥類の始原生殖細胞は、産卵直後の受精卵にはすでに存在していて、卵殻に穴を開けて容易に採取できる。それをゲノム編集したうえで戻すと、やがて生殖腺に移動し、孵化したヒナの生殖腺には、編集済みの生殖細胞が宿ることになる。

もちろん、このヒナが生まれた段階では、ヒナの体細胞は「編集済み」のものではない。あくまで生殖腺に宿っているだけだから、このヒナたちがやがて成長し、「編集済み」の卵子、「編集済み」の精子をもったメスとオスとしてつがい、新たな世代を生み出したとき、はじめて、体細胞レベルで、意図した表現型が実現することになる。

もってまわったやり方だが、ケナガマンモスの事例のように、人工子宮が必要になるなどの大掛かりなことは必要ないので、その点ではメリットでもある。

すでに計画が語られている、リョコウバトとドードーについて見てみよう。

リョコウバトの群れは復活できるのか？　復活させてよいのか？

リョコウバトの脱絶滅計画は、二〇一二年、リヴァイヴ&リストアによって発表された。その概略は次のとおりだ[12]。

まず、リョコウバトの近縁種としては、オビオバト（*Patagioenas fasciata*）を使う。アメリカ南西部とメキシコに生息する種で、かつてリョコウバトが飛び交った地域よりも南西側で暮らしている。首の後ろ側に白い帯があることで識別しやすい、やや大型のハトだ。

オビオバトの全ゲノムを決定したうえで、リョコウバトの全ゲノムを復元し、違っている部分を特定していく。研究チームは一六万八〇〇〇箇所もの固定的な違いを見出したという。そのうちのどれが、リョコウバトをリョコウバトらしくする部分なのか見極めて、オビオバトの始原生殖細胞をゲノム編集することになる。

オビオバトの始原生殖細胞が編集できたら、今度は、飼育下繁殖の長い伝統があるカワラバト（*Columba livia*）の受精卵に導入する。カワラバトが産卵した後に、中で発生が進んでいる卵殻を一部開いて、「編集済み始原生殖細胞」を血管に導入すると、いずれ生殖腺に定着してくれる。

結果、「リョコウバトに似たオビオバトの生殖細胞」を宿したカワラバトがまず生まれることになり、さらに次の世代で、「リョコウバトに似たオビオバト」の誕生となる。

こうやって生み出されたリョコウバトの代理種が担うことが期待される役割は、北米の森林の「生態系エンジニア」だ。現在、アメリカ東部の多くの森は、定期的で周期的な攪乱（じょうらん）がないために、成熟しきった状態にある。一九世紀までのリョコウバトは、森林再生のサイクルに不可欠な要素として、定期的な攪乱をもたらしていた。現状では、森林は、多くの動物種を支えるために必要な生産力を失っており、減少している固有種も多い。そこで、リョコウバトの代理となるものを導入して、定期的で周期的な擾乱をもたらそうという。

大きな課題は、そういった役割を果たすためには、かなりの数が必要だということだ。数十億羽ともいわれたかつての群れを再現するのは現実的ではないし、かりに実現したとしたら、現代社会においては人々に歓迎されないだろう。一方、あまりに少ないと森林に擾乱をもたらすこともできない。

カリフォルニア大学サンタクルーズ校、古代ゲノミクス研究室

コロッサル社が、二〇二三年に発表したドードーの脱絶滅について鍵となる人物は、前述のカリフォルニア大学サンタクルーズ校、古代ゲノミクス研究室のベス・シャピロ教授だ。

シャピロは、二〇〇二年、サイエンス誌に掲載された論文"Flight of the Dodo"で、ドードーがハトの一種だという一九世紀以来受け入れられてきた主張を、遺伝学的に裏付けた人物だ。その後、多くの古代DNAを扱う専門家となり、リョコウバトやステラーカイギュウのような近代の絶滅種も、ケナガマンモスやケサイのような後期更新世の絶滅種も研究対象にしてきた。二〇一七年には本章の冒頭でも紹介した論文で、代理種を創出する手法としての「脱絶滅」を取り上げた。ドードーで始まったシャピロのキャリアは、いずれ「ドードーの脱絶滅」に向かっていくのではないかという予感を

感じさせるものだった。

だから、二〇二二年三月、イギリスの王立協会主催のウェビナーで、シャピロが「ドードーの全ゲノムを決定し、遠からず発表できる予定」と明らかにしたときにも、それほど驚きはなく、むしろ納得感の方が強かった。ちなみに、そのゲノムは、コペンハーゲンのデンマーク自然史博物館が所蔵する頭部の標本から得られたものだ。シャピロは、ドードーの系統を突き止めるのに使ったオックスフォード標本から核ＤＮＡを得ようと努力してきたが、よい結果を得られなかった。そこで、コペンハーゲン標本を試し、今度は成功したという（図6-1）。

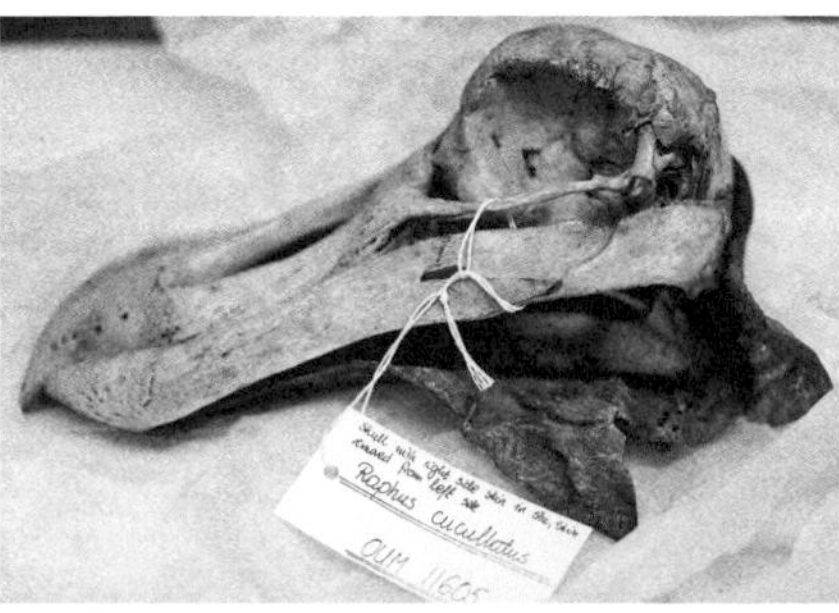

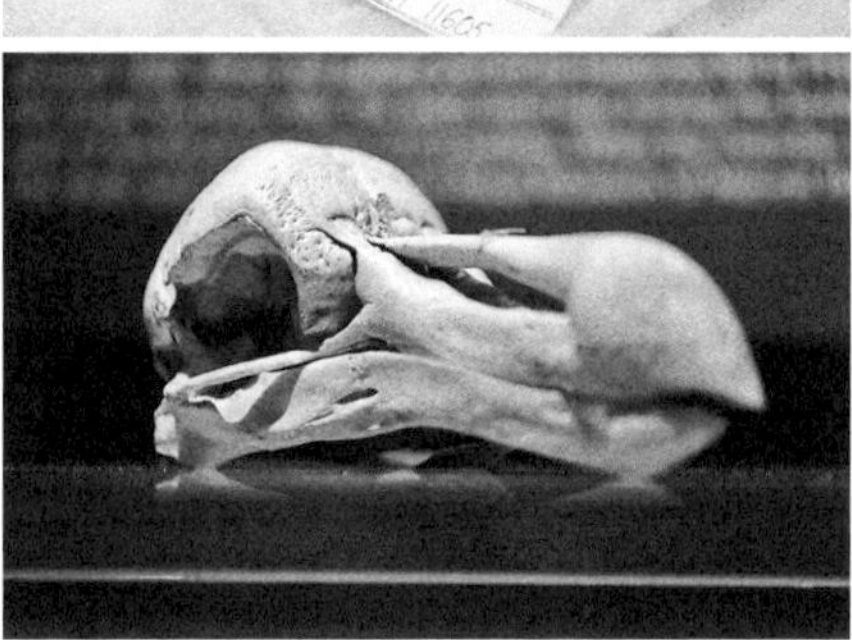

図6-1　シャピロがドードーの系統を知るために使ったオックスフォード標本(上)と，ゲノムを決定するために使ったコペンハーゲン標本(下)

シャピロのこの成果を受けて、翌二〇二三年、コロッサル社がドードーの脱絶滅計画を公表すると、さらにその翌年、シャピロ自身がコロッサル社の科学責任者に就任して計画を率いることになった。私信を交わす機会があったので、ドードーの脱絶滅や、脱絶滅一般について、彼女の考えの一端を紹介することで、考えを深めたい。

違いだけを記しておく。

ドードーの「別バージョン」をつくる（シャピロとの対話）

ドードーの脱絶滅も、鳥類特有の事情で、始原生殖細胞を使うことはリョコウバトと同じなので、違いだけを記しておく。

ドードーの場合、ゲノム編集を施す近縁種としてはミノバト（*Caloenas nicobarica*）が想定されている。ベンガル湾に浮かぶニコバル諸島などに生息するハト類で、現生の鳥の中で最もドードーと近縁だ。

また、編集されたミノバトの始原生殖細胞を宿す「第一世代」の鳥としては、なんとハトではなくニワトリが選ばれた。世界中で最もたくさん飼育され、実験室でも扱いやすいため、ニワトリをここで使うことができれば計り知れないメリットがある。もし実現すれば「ニワトリがドードーのような鳥を産む」という不思議な現象が起きることになる。そして、ドードーの代理種たりうるものが誕生した場合、かつての生息地だったモーリシャス島に放して、失われた島の生態系を復元する大切な役割を担うことになる……。[13]

このようなことを知ったうえで、シャピロの話を聞いていこう。

まず、リョコウバトとドードーの計画の双方にかかわってきたシャピロに、その違いを聞いた。

「脱絶滅の候補となるすべての種に、それぞれ別々の技術的、倫理的、生態学的な課題があります。例えば、数十億羽の群れで生活していたリョコウバトが、脱絶滅後も存続できる数の個体群を実現するのは、大きな挑戦です。一方で、ドードーは現存する標本が少ない問題があるものの、私たちはモーリシャスを含む世界中の科学者と積極的に協力し、研究に使うことができる標本をさらに探しています。ソリテアのような近縁種のデータも活用しています」

どんな脱絶滅プロジェクトにも、有利な点、不利な点がある。リョコウバトは標本が新しく、豊富である点はよいが、やはり数億羽、数十億羽もの群れをつくった集団性を再現することについては制約がある。一方、ドードーにはそういう難しさはないものの、標本の少なさが問題になりうる。

では、研究の結果、ドードーのゲノムにはどんな特徴があるとわかったのだろうか。二〇二二年の時点で、シャピロはドードーの全ゲノムを決定できたと述べた。しかし、二〇二四年になっても、論文は出版されていない。ドードーは標本が少ないので、別のチームに先を越される心配はなく、念には念を入れているのだと理解しているのだが、実際のところはどうなのだろう。

「私たちは今もドードーゲノムのアセンブリー〔断片的な古代DNAを一まとまりにまとめあげたもののこと〕を改良し続けています。さらに比較のために他のハトのゲノム配列を作製し、これらのデータを使ってドードーが他の鳥類と遺伝的に異なる部分を明らかにしようとしています。ただ、現在進行中の研究なので、今は正確に答えることはできません」

では、実際にモーリシャス島に放すドードーの代理種はどんなものになるのだろうか。また、表現型だけでなく、遺伝的にはどれだけ似ているのだろうか。

「標的にしている表現型は、体の大きさ、飛べないこと、くちばしや頭の形などです。これらの表現型を再現するために必要な編集の数はまだ不明です。私たちの目標は、遺伝的に似せることではなく、表現型を再現して生態系の中でやっていけるようにすることで、それができれば成功です。私のモーリシャスの共同研究者たちは、ドードーを絶滅に追いやった侵略的外来種を取り除いて、再導入に適した場所を見つけようとしています。この作業は、モーリシャスで進行中の他の絶滅危惧種の保護にも役立つものです」

どの程度、遺伝的に似ているかではなく、生態系の中でドードーのように振る舞うことこそが大事なのである、とシャピロは強調した。さらに敷衍(ふえん)して、こう述べた。

「常々、申し上げているように、生体組織が保存されていない絶滅種の正確なコピーを再現することは不可能です。一方で、私たちの「脱絶滅」の定義は、〝絶滅した形質を復活させ、今日と明日の生息地で繁栄する絶滅種の別バージョンを創り出す〟ということで、それなら達成可能です。さらに重要なのは、これらの目標に向かって取り組む中で、分子生物学から生殖補助技術に至るまで、生存している種が絶滅するのを回避するために使用できるツールが開発できることです」

あくまで、再現された生きものが実際に生態系の中で機能を果たすことを重視する。これをもって「脱絶滅」とするなら、「ドードーの定義」は、ゲノムにあるのではなく、生態系の中での機能にある、とでもいうような議論のようにも響く。これは、ケナガマンモスの計画の議論でも、しばしば感じさせられることだ。「種とは何か」という議論にもつながっていくようにも思う。

ドードーの代理種は、素直に考えれば「ドードーに似せたミノバト」だ。しかし、ドードーのゲノムの一部は、そこに導入されているのだから、ゲノムを重視する観点からは、「ドードーの一部」は復活したといってよいのだろうか。もし、そうなら、ゲノムの何パーセントがドードーと同じになれば、ドードーとみなしてよいのだろう。逆に、ベースになったミノバトは、どの時点までミノバトなのだろう。そういった疑問に対する回答は、必ずしも自明ではない。

一方、「ドードーが残した遺伝資源を活用しつつ、生態系での機能を復元する」ことは、言葉のうえではよい響きをもつ。地球生命の生物多様性を、遺伝的な多様性で評価するなら、ドードーのゲノムの一部であっても今を生きる生命の中に戻すことは、それ自体、評価されるべきなのではないか、ともいいうるだろう。さらには、再び生命の中に組み込まれたドードーのゲノムが、生態系の中で機能する代理種を支えるなら、それは生物多様性の増大、利益として評価されるべきなのではないか、という意見もありうる。脱絶滅による代理種の創出は、必ずしも自明ではない「種」や「生物多様性」の概念についても、大きな議論を巻き起こすに違いない。

いずれにしても、必要な技術開発はあまりに広範な領域に及んでおり、いつどのような形で、パズルの最後のピースがぴたりとはまって、ドードーの代理種がモーリシャス島を闊歩するかというのは、今のところ見通しがつかない。それでも、コロッサル社は、現在、ケナガマンモス、ドードー、フクロオオカミのプロジェクトのために一〇〇人規模の研究者を雇用して、研究と開発を推し進めている。一つの大きな目標にむけて進むことで、多くの科学的知見や、技術上のブレイクスルーが期待できることをシャピロは強調した。

フクロオオカミは脱絶滅の第一候補?

脱絶滅にかかわる取材を進めるにあたって、「有袋類であるフクロオオカミは、脱絶滅に一番近いかもしれない」という声を何度も聞いた。哺乳類でも、有胎盤類であるマンモスに比べると、妊娠、出産、保育にかかわる様々な点で、有袋類の方が「簡単」に見えること、鳥類のように始原生殖細胞を使った世代を超えての取り組みが必要というわけでもないことなどが、その理由だ。

コロッサル社と協力しつつ、フクロオオカミの脱絶滅研究を実質的に推進しているのは、オーストラリア・メルボルン大学のアンドリュー・パスク教授だ。第四章でも紹介した通り、パスクは「タイガーラボ」(フクロオオカミ統合ゲノム復元研究室)と名付けた研究室を立ち上げて、助教授、ポスドク、学生をあわせて数十人規模のチームで研究を進めている。

メルボルン大学を訪ね、パスクにフクロオオカミの脱絶滅について聞いた。パスクの執務室内の棚には、映画『ジュラシック・パーク』のフィギュアをはじめとする恐竜グッズに加えて、フクロオオカミやオオカミの頭骨レプリカなどが所狭しと並べられていた。それらに囲まれたパスクは、リラックスした雰囲気で、しかし実にエネルギッシュに話を聞かせてくれた。

まず、なぜ、フクロオオカミの脱絶滅は「有利」だといわれているのか。

「二〇世紀の絶滅なので標本が新しく、数も多いだけでなく、DNAが分解されにくいアルコール漬けの液浸標本も多くあります。残っている標本の質と量、両方において有利です」

すでにタスマニアの博物美術館の収蔵庫にある乳仔の液浸標本(第四章)を紹介したが、パスクと協力関係にあるメルボルン博物館の収蔵庫にも、四頭の乳仔の液浸標本がある。また、その母親の頭部も液浸標本として残っている。様々な段階の乳仔の標本があることから、発達の段階も追うことができる。こういったことは、本書で扱った他の「近代の絶滅」ではありえないことだ。

ちなみに、フクロオオカミの標本は、全世界二三カ国、一一八施設、及び、少々の個人所蔵を含めて、八一二点が確認されているという。その中には、頭骨、全身骨格、毛皮、オトナ・コドモの内臓や全身の液浸標本などが含まれる[14]。メルボルン博物館は、タスマニアにもっとも近い大陸オーストラリアの大都市なので、毛皮の数にも特筆すべきものがあった。これは報奨金時代にいかに多くのフクロオオカミが撃たれて、毛皮が送られてきたかを示すものでもある。なかには干し草を詰めてあるものがいくつかあった。それらは当時、送られてきたままの状態と考えられ、独特の生々しさを醸し出しているのだった(図6-2)。

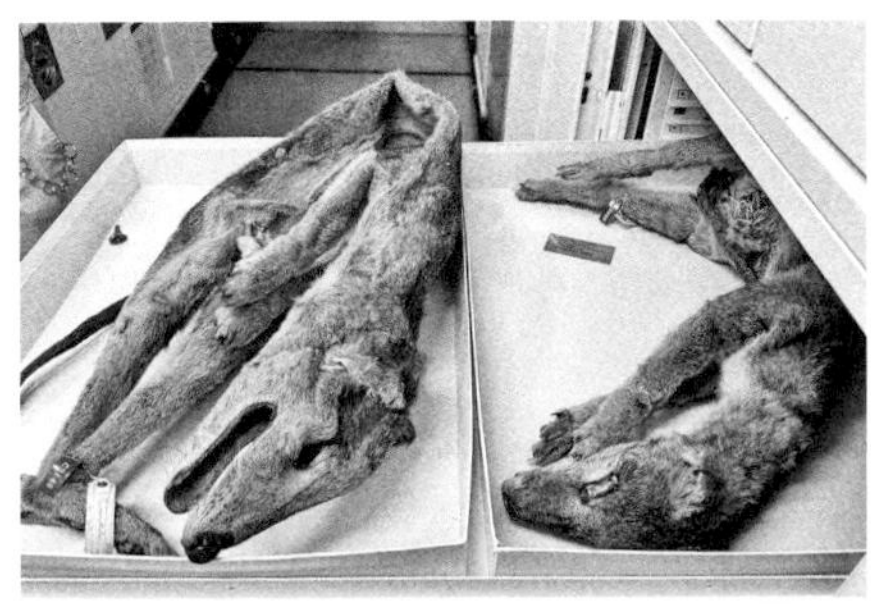

図6-2　メルボルン博物館は多くのフクロオオカミ標本を所蔵する．賞金がかけられていた時代に由来する標本(上)，捕獲時に詰められた干し草がそのままの状態のもの(中)，乳仔とその母親の頭部(下)

妊娠期間が短いメリット

パスクは、フクロオオカミの有利性についてさらに語る。

「フクロオオカミは、有袋類であることも有利な点です。有袋類では、染色体が七本、とおおむね決まっていて、ゲノムの配列も似ています。妊娠期間が短く、フクロオオカミの場合、近縁種から類推して、わずか一三日半から二〇日の間です。代理母が必要ですが、その負担は少ないのです」

染色体の数は、脱絶滅の議論で、あまり言及されないものの、大切な問題だ。

全ゲノムがわかったという場合、それは、ひとつながりの塩基配列の情報としてわかったということだ。しかし、実際の核内においては、DNAはひとつながりになっているわけではない。何本かに分かれて、それぞれが染色体という構造体の中に存在している。ヒトの場合、染色体の数は二三対四六本だ。チンパンジーは二四対四八本、ニホンザルは二一対四二本、と同じ霊長類でも違いがある。さらに、範囲を広げて、有胎盤類を広く見ると、ウシ三〇対六〇本、ウマ三二対六四本、イヌ三九対七八本と、ばらつきは大きくなる。

一方、有袋類の染色体は、基本形が七対一四本で、もちろんバリエーションはあるものの、有胎盤類に比べて違いが小さいそうだ。一般に、絶滅種の染色体数は簡単にはわからないので、基本形がよく保存されている有袋類の方が有利ということになる(もっとも、本稿を書いている途中に、五万二〇〇〇年前のケナガマンモスの標本から、ゲノムDNAが染色体のタンパク質に巻き付いた立体構造を保持した状態で見出され、アジアゾウと同数の二八対五六本の染色体ごとに配列を決定できたと報告があった[15]。ものすごいスピードで研究が進んでいることは補足しておく)。

また、妊娠期間の短さは、こと脱絶滅の対象としては、非常に大きなメリットに感じられる。例えば、ケナガマンモスの近縁種であるアジアゾウの妊娠期間の二二カ月と比べて、フクロオオカミで想定されるのはわずか一三日半から二〇日だ。代理母の負担は小さいし、実験のサイクルが短い。

掌に包み込みたくなる近縁種ダナート

図6-3　フクロオオカミの「近縁」で，脱絶滅のベースとなるダナート(スミントプシス)

もっとも、脱絶滅フクロオオカミのベースを提供する近縁種の姿を見ると、多くの人は驚きを禁じ得ないだろう。パスクの研究室では、実験動物として飼育しているのだが、その姿からフクロオオカミの近縁であると想像しがたい生きものだ。それどころか「かわいい！」と声をあげて、掌に包み込みたくなる人が続出するはずだ。

ダナート(Dunnart)と英語では呼ばれる昆虫食の小動物だ(図6-3)。フクロネコ目フクロネコ科スミントプシス属で、属名から、日本語ではスミントプシスと呼ばれる。研究室で飼育している種は、オブトスミントプシス(*Sminthopsis crassicaudata*)だ。和名になじみがないだけでなく難しいので、本書ではダナートと表記する。

ダナートは、体長がわずか六センチから九センチ、尻尾が四・五センチから七センチ程度の本当に小さな生きものだ。大きな目といい、突き出した口吻といい、とてもかわいらしい。しかし、この生きものが、現生でフクロオオカミと最も近縁なのだという。

これに対して「最近縁とはいえ、隔たりは大きい」という指摘もある。フクロオオカミはフクロネコ目フクロオオカミ科なので、同じ目に属するものの科は違う。系統的にも三八〇〇万年も前に分岐しており、ケナガマンモスとアジアゾウの五〇〇万年前比べてもかなり前だ。こういったことがフクロオオカミの脱絶滅計画の一つの難点に挙げられることが多い。

多くの人が懸念するのは、やはりサイズの問題だ。掌に包んでも指の隙間から逃げていきそうなダナートをベースにして、中型犬サイズのフクロオオカミを作出することができるのだろうか。そもそも、ダナートを代理母にしてだいじょうぶなのだろうか、と。

「そこが、有袋類がまさに有利な点です」とパスクはあらためて強調した。

そういわれると、なるほど、と膝を打った。

わずか二週間、三週間で妊娠期間を終えて外に出てきてしまうのだから、代理母のダナートの負担にはならない。子宮内で長期間、胎仔を育てる有胎盤類とは違うのだ。

しかし、その後、育児嚢で育てる段階はどうなのだろう。最初の時期はともかく、少々、乳仔が大きくなってきたら、母乳が間に合わなくなるだろうし、そもそもダナートの育児嚢にはとうてい収まらない大きさになる。

「タスマニアデビルも、フクロネコ目フクロネコ科なのです。ダナートに次いで、フクロオオカミの近縁です。つまり、タスマニアデビルの育児嚢を借りるという方法があります。もっとも、タスマニアデビルも絶滅危惧種ですから、人工育児嚢をつくることも考えています」

タスマニアデビル(*Sarcophilus harrisii*)は、体長五〇〜六〇センチくらいだから、育児嚢の提供者として、ダナートに比べるとはるかに適役だと思われる。しかし、現在、「デビル顔面腫瘍性疾患(DFTD; devil facial tumour disease)」と呼ばれる感染症の蔓延もあって、絶滅危惧種として非常にデリケートな局面にある。そんな種のメスに、フクロオオカミの代理種のために育児嚢を貸してほしいとは言いにくい。ましてや、一頭や二頭で済むはずもないのである。

とするなら、人工育児嚢を開発すべきか、という話になるのだが、少なくとも、有胎盤類の人工子宮よりも要求されるものが少なく、技術的な障壁が少しは低いとされている。

頂点捕食者を復活させるために

「また頂点捕食者(apex predator)という生態学的な位置づけがはっきりしているのもフクロオオカミのよいところです。マンモスやドードーは、生態系の中でどのような役割を果たしていたのか今一つ確実ではない部分があります。しかし、フクロオオカミは明らかに頂点捕食者で、なおかつ、今、タスマニア島には、オーストラリア大陸部とは違ってキツネやイヌ(オーストラリアに分布する、「広義の野犬」ディンゴ)がいないため、その座が空位になっているのです」

パスクは力強く言い切った。

たしかに、ケナガマンモスの代理種によって実現されるという「マンモスステップ」の議論は、まだまだわからないことが多い。ドードーの生態系での役割についても謎ばかりだ。一方で、フクロオオカミは、頂点捕食者だと言われれば、単純明快に思える。

しかし、やはり昆虫食の小さなダナートをどのようにゲノム編集して、威風堂々たる頂点捕食者に仕立て上げるのかという点は、不安を感じざるをえない。

「まずは、頭、四肢、体の大きさを優先したゲノム編集をしていきます。最初の時点では、一〇〇箇所ほど編集することになるでしょう。しかし、その状態で野生に戻すことができるとは考えていません。最終的には、フクロオオカミのゲノムを九九・九パーセント再現すれば、野生復帰を考えてよいと思います。そのための技術は急速に確立しつつあります」

パスクから出た言葉は、かなり衝撃的なものだった。

この発言は、ケナガマンモスやドードーやリョコウバトについてこれまで語られてきたことと一線を画する。ケナガマンモス計画のチャーチ、ドードー計画のシャピロなどが口を揃えるのは、ゲノムの類似性よりも、表現型、それも環境の中で機能するための表現型を重視する、ということだ。しかし、ゲノムの九九・九パーセントを再現するという目標を公言するパスクは、一段高い脱絶滅目標を掲げていることになる。ダナートという小型動物を、フクロオオカミに近いところまでもっていくには、それくらいの規模の編集が必要という意味もあるのだろうか……。

もちろん、現時点では技術的に無理なのだが、出芽酵母などでは、染色体をまるまる一本、人工合成したものに置き換えることに成功したという研究もある[16](既存の染色体を徐々に「合成」染色体に置き換えていく手法)。今後の合成生物学的な研究の発展の中で、「ほぼフクロオオカミ」といえるだけの生きものを創り出す技術も実現するとパスクは信じていた。

地元で議論が始まる

頂点捕食者、つまり大型の肉食動物を再導入するためには、地元の理解も欠かせない。かつて「ヒツジ殺し」と名指しされた肉食獣がまたやってくるのだとしたら、人々は警戒してしかるべきだろう。本当のところ、ヒツジを殺す能力はなかったとされるが、恐ろしい肉食獣だという印象は今も強い。特にタスマニアタイガーという呼称を使うとき、擬せられているのは現在の世界で最強の肉食獣といえる「トラ」なのである。

実際に、脱絶滅フクロオオカミを受け入れることになるかもしれないタスマニアでは、あらかじめ諸問題を議論する意見交換の場が、二〇二三年より設けられ、すでに何度か会合が開かれているという。自治体の首長、大学の研究者、動物飼育の専門家、観光業者などからなる「タスマニア・フクロオオカミ諮問委員会(Tasmania Thylacine Advisory Committee)」がそれだ。パスクも出席して、脱絶滅計画の概要を説明している。

この諮問委員会の議長で、タスマニア中央部の自治体ダーウェントバレーの市長、ミシェル・ドラクリス(Michelle Dracoulis)を訪ねた。異説はあるが、ダーウェントバレーは、飼育下にあった最後の一頭「エンドリング」が捕獲された場所だともされている。

ドラクリスは、まさにそのストーリーが地域にとって大切だと主張した。

「最後のフクロオオカミは、私たちの地域で捕獲されたものでした。だから、フクロオオカミは、私たち自身の物語の一部なのです。子どもたちは、今でもみんなこの動物のことを知っています。この種の再導入は、私たちの未来がどのようなものであるかに大きな影響を与えるでしょう。これまでは喪失の物語だったものが、成長と環境保全という非常にポジティブな物語になる可能性を秘めていると思うのです」

フクロオオカミの脱絶滅を、自分たちの物語として受け止めるというのは、とても前向きな発言として響いた。パスクとも共通する、超楽観的な態度だ。

「タスマニアの小学生の多くが、ライオンやトラのような動物は知っていても、その土地固有の動物の名前を言うことができません。フクロオオカミは数少ない例外です。脱絶滅の議論から、在来の動物について学ぶきっかけになればと思っています」

古くからあるものを守りたいとする保全の考えと、遺伝的に操作された生きものを介して環境を操作するという進歩主義的な考えが、自然に接合されているのが、脱絶滅の推進者に共通する特徴だ。この点についてドラクリスも、自分が進歩的な考えをしていることについて自覚があった。

「タスマニアには伝統的な価値観の人も多くいます。基本的にはキリスト教徒で、いわゆるＧＭＯ(Genetically Modified Organism)、遺伝子組み換え作物について懸念する人々は、当然、今回の計画についても心配するでしょう。目的のために自然を操作するという考え方は、人によっては挑戦的なものかもしれません」

だからこそ時間をかけての議論が大切だというのが、自治体首長としてのドラクリスの基本的な立場なのだった。

カルタヘナ議定書と「生きている改変生物(LMO)」

ドラクリスが言及したGMOは「遺伝子を操作した生物」という意味だ。遺伝子組み換え作物は代表的なものだが、脱絶滅したフクロオオカミの代理種も、「遺伝子を操作した生物」には違いない。

こういったものが生物多様性に悪影響を及ぼすことを防ぐために、生物多様性条約の締結国の会合において「生物の多様性に関する条約のバイオセーフティに関するカルタヘナ議定書(単に「カルタヘナ議定書」と呼ばれることが多い)」が採択され、二〇〇三年九月に発効した。ここでは、GMOではなく、LMO(Living Modified Organism)、つまり「現代のバイオテクノロジーの利用によってつくり出された、生きている改変生物」として言及されている。生物多様性への悪影響を心配するものだから、「生きている(Living)」という部分が強調されている。そして、脱絶滅でつくり出された代理種はまさにLMOだ。

カルタヘナ議定書に則った国内法(カルタヘナ法)が施行されると、研究室内での実験としてLMOを作出することは認められても、研究室外で流通させたり、野外に放つことは禁止される。日本でも、すでに議定書は締結、発効済みで、国内法の整備も行われている。二〇二三年には、イソギンチャクモドキに由来する蛍光タンパク質の遺伝子が導入された「光るメダカ」の売買や、用水路への放流を行った者たちがカルタヘナ法違反で逮捕された。

カルタヘナ議定書の締結国は、二〇二四年末の時点で一七二カ国(および欧州連合)に及んでいる。しかし、脱絶滅の研究と議論の中心であるアメリカとオーストラリアは、数少ない未締結国だ。また脱絶滅を果たした生きものが放たれる可能性がある、ロシア(ケナガマンモス)とカナダ(リョコウバト)も未締結国である。(17)

保全生物学者が異議を唱える

さて、カルタヘナ議定書の未締結国であるオーストラリアでは、LMOの作出にあたって、法的な問題を他の国よりもかなり楽にクリアすることができると考えられる。進歩主義的で、驚くほど「前向き」な推進者たちは、この環境を活かして計画を立案しているのである。

しかし、ここで異なる意見にも耳を傾けたい。

タスマニア州政府の公園野生生物局に長年勤務し、保全生物学者としても活躍してきたニック・ムーニーは、ある意味、「フクロオオカミ絶滅と長い「その後」」に立ち会ってきた人物だ。一九八二年、公園野生生物局の職員がフクロオオカミを目撃したと報告した際、一五カ月に及ぶ探索を率い、フクロオオカミの生存を確認しようとした経験がある。その後も、多くの目撃報告を確認する立場にあって、半世紀近く、フクロオオカミとその幻影に相対してきた。現生の野生動物としては、タスマニアデビルの保護に長年携わり、猛禽類(もうきんるい)タスマニアオナガイヌワシ(*Aquila audax* の亜種)の研究を続けてきた。つまり、野生生物の保全研究と保全活動の現場に身を置き、なおかつ、絶滅したフクロオオカミとも相対し続けたという稀有なキャリアをもつ。

彼にしてみれば、二〇一〇年代以降に語られ始めた「脱絶滅」は、まだまだ思慮が浅いものに見えるようだ。

「脱絶滅を進めようとしている人たちが行おうとしているのは、絶滅動物を蘇らせるのではなく、新しい動物を発明(invention)することです。また、表現型を復元するとはいいますが、それによって生態系の中で、うまく機能するかわかりません」

脱絶滅は、いくつかの主だった表現型を復元した代理種をつくり、生態系の中で同じ役割を果たしてくれることを期待する。しかし、そんなに簡単ではないということは、保全の現場で活動してきたムーニーには自明だというのである。

「フクロオオカミは頂点捕食者だから、それを戻せば生態系が安定するという議論は単純すぎます。まず、フクロオオカミは、頂点捕食者といっても、自分の身体の半分ほどの小型動物を食べていました。ライオンやトラのように自分よりも大きな獲物に挑むことはありませんでした。このサイズの生きものは、今のタスマニアでは、猛禽類のオナガイヌワシが食べているものと同じです。そして、オナガイヌワシは、今も生きています。哺乳類を研究する人は鳥類を忘れがちで、逆もしかりです。フクロオオカミを頂点捕食者と呼ぶなら、今のタスマニアの頂点捕食者はオナガイヌワシです。単純に空位になった場所に戻すという議論は成り立ちません」

オナガイヌワシは、両翼の差し渡しが最大で二メートル八〇センチにも達する巨大な肉食鳥だ。フクロオオカミもよく狙ったとされるヤブワラビーや小さなカンガルーなどを上空から見つけ、急降下して捕らえる。今でも、郊外を車で走ると、空を舞っているのを目にする。現在のオナガイヌワシは、道路で車と衝突して死ぬヤブワラビーなどが簡単に手に入るため、狩りをするよりもすでに死んでいる獲物を食べることも多いようだ。その場合、「掃除屋」の異名をとるタスマニアデビルと競合することもある。いずれにしても、現在の状況に応じた生態系があり、本物のフクロオオカミを戻したとしても、環境自体が変わっている以上、即座に「元通り」になるとは考えにくい。ましてや、その代理種が同じ挙動をするかは、まったくもって未知数だ。

また、ムーニーは、「道徳的な問題」を強調した。

「脱絶滅なるものが、絶滅の問題から目をそらす単なる気晴らし(distraction)のようになってしまうことを懸念します。私には、脱絶滅ができるかどうかについての専門知識はありませんが、もし実現できるのだとしたら、それは道徳的な問題を引き起こすでしょう。今、様々な生きものが絶滅の危機にあるのに、脱絶滅の議論はそこから目を逸らさせてしまいます。人は楽な道を選びたがります」

ある生きものが絶滅しても「脱絶滅させればいい」と考える人が増えれば、モラル・ハザードが起こりかねない、というのはありうる心配事だ。脱絶滅の技術が現実味を増せば増すほど、この懸念も現実味を帯びる。本当に代理種が誕生したら、メディアは、例えば「ドードーが復活」という見出しで報道し、人々は心躍らせるだろう。それが実際にはドードーではないことは問題にならないかもしれない。もはやだれも本物のドードーを見たことがないのだから。

さらに本質的な問題をムーニーは指摘した。

「もしも、頂点捕食者として生態系の中で機能するなら、タスマニアの一箇所だけでなくあらゆる場所に生息している必要があります。おそらくは数千頭必要でしょう。一方、タスマニアの大部分は私有地です。地主たちは、野生動物は好きではありません。牧草や作物を守るために、今も多くの野生動物を殺しています。フクロオオカミの代理種も、自分の土地に入ってくることを認めないでしょう。つまり、新たに「発明」された「フクロオオカミのような生きもの」は、結局、よくて動物園、場合によっては、見世物小屋やサーカスのような場所にいてもらうしかないのです。フェンスの内側でだけ、生態系を回復させるというのはおかしなことです」

論点は多岐にわたる。耳触りのよい「絶滅種の復活」というストーリーは、実質を伴わない部分が多い。それらを考慮せずに突き進んでも、現実的な保全上のメリットは薄く、デメリットの方が目立つことになりかねないというのである。

国際自然保護連合の「指針」

絶滅種を「脱絶滅」させて、「代理種」として活用することの是非について、すでにIUCN(国際自然保護連合)の「種の保存委員会(SSC; Species Survival Commission)」が基本的な考えを表明しているので、最後に紹介する。

二〇一四年、IUCNの「種の保存委員会」内に「脱絶滅タスクフォース(de-extinction task force)」が設立された。そして、二年間かけて議論をしたうえで、二〇一六年、「指針」をまとめた。正確な表題は、「保全上の利益のために絶滅危惧種の代理種を作製することについてのIUCN「種の保存

図6-4 「種の保存委員会」の指針の冊子表紙

委員会」の指針(IUCN SSC Guiding Principles on Creating Proxies of Extinct Species for Conservation Benefit)」だ。冊子の表紙には、リョコウバト、オオウミガラス、フクロオオカミ、イブクロコモリガエル(本書では取り上げていないが、口の中で子育てするカエルで、脱絶滅研究の対象)などが、実験室で使うシャーレの上に乗せられた状態で描かれている[18](図6-4)。

文書の冒頭で、絶滅動物の脱絶滅について「ここ一〇年の間に、SF的なものから現実味を帯びたものになり」議論の主題が「できるのか?」から「すべきか?」に変化した、と現実認識が語られる。そして、新しい技術がもたらすかもしれないメリットを認めつつも、懸念点を洗い出している。

それらは、ニック・ムーニーが指摘したことと一部重なりつつ、さらに広範だ。

コストの問題　脱絶滅による代理種を使うアプローチは、現存する生物の保全のために使いうる資金を奪う可能性がある。

モラル・ハザード　「絶滅が起きても脱絶滅させればよい」と受け止められれば、現在および将来の保全努力が損なわれることになりかねない。

個体に受け入れがたい苦痛を与える可能性　脱絶滅の技術開発過程で生まれる個体や、脱絶滅後の個体にとっての、動物福祉に重大な懸念がある。それらの個体は、本当に健康に生きることができるのだろうか。

代理母のリスク　代理母が必要な場合、そのリスクを無視できない。

野生復帰後のパフォーマンスに関する不確実性　脱絶滅した代理種を自然に戻した場合、個体群動態がどうなるか不明である。

侵入性　代理種が定着できた場合、環境、人間の経済や健康などに損害を与えることがありうる。

新たな疾病媒介生物になりうる　代理種が媒介する疾病伝播のリスクがある。

古代病原体の不慮の復活　代理種のベースとなる種のゲノムの中に潜んでいる内在性レトロウイルスを復活させてしまう可能性は、小さいが無視できない。

現存種との交雑　再導入した地域の近縁種との交雑リスクは無視できない〔例えば、リョコウバトの代理種は、ベースとなった近縁種オビオバトと容易に交雑するかもしれない〕。

生態系への影響　いったん野生に戻された代理種は、その場において他の種や生態系機能に対して、予測不能の、望ましくない影響を与える可能性がある。

社会経済的影響　人への直接的な有害影響〔例えば、人間と当該生物との衝突によって、障害や死亡が起きることなど〕、人々の生活への悪影響〔家畜の捕食、農作物の略奪など〕がありうる。生態系サービスや文化的価値への悪影響による間接的影響も考えられる。

再絶滅(re-extinction)　プロジェクトの失敗により、代理種が「再絶滅」するリスクがある。

再絶滅の懸念?

それぞれもっともな懸念だが、「現存種との交雑」「個体に受け入れがたい苦痛を与える可能性」など、言われてみるとまさにそのとおりだと感じた。

さらに、「再絶滅」の懸念については、はっとさせられた。

すでに、わたしたちは、ブカルド(ピレネーアイベックス)の最後の一頭を、クローン技術で復活させたのに、わずか一〇分で「再絶滅」させてしまった過去がある。

自ら葬ってしまった生きものの「代理」をつくり出したはいいものの、結局、失敗に終わって、「再絶滅」の憂き目にあったとき、わたしたちはどんなふうに悼めばよいのだろうか。さらにぐるり一周、物事をこじらせただけに終わってしまったことになるのだから。

これはつまり、ついノスタルジーで絶滅種の復活を支持してしまいそうなわたしたちに対する警鐘でもある。実際には、わざわざ絶滅種に似た代理種を作出するのではなく、現生の生きものを代理種にできる場合も多い。あえて脱絶滅技術でつくった代理種を使う場合には、しっかりした根拠づけが求められる。あくまで、生態学的で保全的な利益を重視すべきと「指針」は強調している。

終章　絶滅動物は今も問いかける
——「同じ船の仲間たち」と日本からの貢献

おしゃべりな絶滅動物たちと対話をしたら、過去の出来事をあらためて考え直すだけでなく、生物工学的な技術がもたらす新しい地平に連れて行かれた。元々は個人的な執着に似た動機から始まったはずなのに、最初に予感したよりははるかに多くの新しい論点があることが、今ではわかっている。

終章では、なぜわたしたちは「近代の絶滅」に執着するのか、あらためて考えるところから始めたい。これは、本書の冒頭から繰り返し問われてはいるものの、明確な回答を出すこともできないまま、そのつど通り過ぎてきた問いだ。そろそろ暫定的だとしても考えを固め、二一世紀の新たな景観について、もう少しだけ理解を深めよう。

進化の冒険の旅を続ける船

繰り返すが、生きものの絶滅自体は、地球の上で自然に起きることであり、それを悼むのは、地球の生命史上、人に特有のことだ。これまで地球上のいかなる生きものも、自分のせいで他の生きものが絶滅しようと気にも留めなかった。さらに、絶滅する側も、自らの生を全うする中で、たまたま

「最後の一羽」「最後の一頭」になるわけで、種がついえることについて格別な感慨などもたなかっただろう。こういったことは、アルド・レオポルドがリョコウバトをめぐるエッセイで指摘していた通りだ。

絶滅自体は「自然」の一部だし、それが明らかに「人為」であってさえ、絶滅動物たちはわたしたちを糾弾したりしない。それがわかっていても、わたしたちは、やはり、切なかったり、やりきれなかったり、自責の念に駆られたりする。

なぜここまで強く感じざるをえないのか。やはりレオポルドの考えにヒントがあるように思う。レオポルドは、エッセイの中で、人間を、進化の冒険の旅を続ける船の船長に見立てた。ただし、その冒険の旅とは、決して人間の存在そのものをゴールにしたものではない。同じ星で進化して相互作用しながら同時代を生きる、地球生態系の構成員に対して、「親近感をいだき、生かし生かされて共存したい」と願いつつ、「進化という生物学的な一大事業の巨大さと持続性に対する驚きの感覚」(まさに、センス・オブ・ワンダー!)を抱きながら、自らも旅の参加者としてかかわるものである。

結局、「近代の絶滅」をめぐる過剰なまでの思い入れや、絶滅という現象を受け入れがたく感じるわたしたちの心理は、同じ時代を生きて同じ地球を共有してきた生きものたちへの親近感、共存したいという願い、地球生命の進化に対する驚きの感覚に根っこを求めるべきなのではないだろうか。

そういった考えは、やはり、あくまでわたしたち人間の側にあるものだ。あえて現実的な根拠を求めるなら、例えば「生物多様性が損なわれると、人類の存続も危うくなるから、保全活動が大切」というような議論につなげることもできるだろう。おそらくは、そうした方が説得力も増す。

しかし、ここまで読み進めた本書の読者の大多数は、そのような視点を導入せずとも、かなり自明なこととして「共存したいという願い」や「センス・オブ・ワンダー」を共有しているのではないだろうか。わたしたちが、絶滅、とりわけ、明確に人為である「近代の絶滅」について胸を痛めるのは、本来、同じ船に乗っていたはずの仲間を、自分らの過ちによって失ったからだ、と本書では理解することにする。

ノスタルジーを呪いにしないために

同じ船に乗っている仲間を失いたくないなら、まずは、安全な航海をするのがよい。現在、世界各地で行われている自然環境を保全する努力は、まさにそのためのものだ。これは、もっとも大切なことだといってよいだろう。

しかし「近代の絶滅」について語ろうとすると、すでに「仲間が失われた」ところから議論が始まらざるをえない。

そのような事態が起きたとき、人は、まず周囲の海を見渡して、消えた仲間が漂流していないか見つけようとする。つまり、絶滅種が見られなくなっても、しばらくの間「まだいるはず」「どこかに隠れているはず」と、絶滅を受け入れないまま探し続けることは、すでに何度も見た通りだ。

それが、最近では、消えてしまった仲間の遺物から、その仲間を復元できるのではないかという希望を語る人たちが出てきた。二〇一〇年代から議論されるようになった「脱絶滅」は、やはり「近代の絶滅」を考える際、無視できないテーマとなっている。

しかし、現時点においては、「脱絶滅」とは、その種そのものではなく、生態系の中で近い役割を果たせる代理種をつくり出すことを意味する。これは、何度でも再確認しておく必要があるだろう。「絶滅種の復活」という理解は間違いで、「絶滅種に似た機能を果たす生きもの」をつくろうとしているのである。タスマニアの保全研究者ニック・ムーニーに言わせれば、それは「新たな発明」だ。

結局、ノスタルジーが高じて脱絶滅に飛びつくならば、満足な結果が得られるはずがないし、それでも満足できるのだとしたら(例えば、ドードーに表面上似せたミノバトを、本当にドードーだと受け入れるのだとしたら)それはそれで不健全だろう。そのような場合、「近代の絶滅」がもつ不思議な磁力は、ほとんど呪いとなってしまうかもしれない。

もっとも、脱絶滅に使われる個々の技術、つまり、ゲノム技術、生殖補助技術、人工多能性幹細胞技術といったものは、現在でも、すでに保全の現場で活用されつつある。例えば、生殖補助技術の一つと考えられるクローン技術は、ブカルドでは失敗したものの、その後、別の動物の絶滅を回避するために有効に使われている。代表例は、北米の大草原に生息し、プレーリードッグを食べて生きてきたクロアシイタチ(*Mustela nigripes*)だ。一九七〇年代までに絶滅したと考えられていたものの、一九八一年、ワイオミング州で再発見された。その後、全頭捕獲の上、飼育下繁殖で数を増やし、今では中西部の大草原地帯、八つの州で野生復帰させられるまでになった。野生の総個体数は五〇〇頭あまりだが、それらすべてが、飼育下で繁殖した七頭に由来するため、遺伝的多様性が低い。

そこで、二〇二一年、三〇年前に死亡したメスの体細胞からクローンが作製された。代理母となったのは、ペットとしても普及しているフェレット(ヨーロッパケナガイタチ(*Mustela putorius*)を家畜化したもの)だ。

ブカルドの場合は、かりにクローン作製に成功していたとしても、たった一頭だけの復活であり、それだけでは「機能的絶滅」の状態だった。しかし、クロアシイタチの場合は、きちんとした繁殖計画に基づいた、保全的価値の高い試みだと評価されている。

日本分子生物学会のシンポジウム「絶滅生物と新世代技術」

それでは、日本国内での動きはどうだろう。二〇二三年一二月、神戸で行われた第四六回日本分子生物学会年会にて、「絶滅生物と新世代技術」と題されたシンポジウムが開催された。そのタイトルからして、おそらくは脱絶滅を意識した、日本ではじめての大規模な研究集会だった。

実際のシンポジウムで発表されたことは、「細胞を操作する技術」にまつわるものが多かった。iPS細胞に象徴されるように、日本での研究伝統が分厚い部分であり、それが絶滅種、絶滅危惧種をめぐる研究でも、自然と反映されているようだった。

本書の内容に近いものとしては、まず、近畿大学の三谷匡(生殖生物学、発生工学)らによる、マンモスのクローン作製をめぐる試行錯誤がある。三谷らは、シベリアの永久凍土に眠っていた二万八〇〇〇年前のマンモスの子どもの細胞(足の筋肉から採取)を得ており、二〇一九年、その核をマウスの卵子に移植したところ、「マンモスの細胞核が分裂する直前の状態になった」ことを報告した。(1) 結局、クローンをつくることは難しいとわかったのだが、永久凍土で凍結されていた細胞が「生物学的活性」を保っていたこと自体、驚くべきことだった。

また、国立環境研究所の片山雅史(生物多様性領域)は、二〇二二年、日本の絶滅危惧鳥類三種、ヤンバルクイナ、ニホンライチョウ、シマフクロウのiPS細胞を作製することに成功したと報告した[2]。絶滅危惧鳥類では、貴重な受精卵を使った研究が難しいため、iPS細胞を使って試験管内での発生、生殖、繁殖の基礎研究に道がひらけた。第六章で紹介したシャピロらのドードーの脱絶滅研究も、原型となるミノバトのiPS細胞を作製し、そこから始原生殖細胞を誘導することを検討している。鳥類のiPS細胞の樹立は、その意味でもホットな話題だ。

そして、大阪大学の林克彦(生殖遺伝学)は、「絶滅危惧種の多能性幹細胞から生殖細胞を誘導する技術の開発」という表題で、「絶滅確定」とされるアフリカのキタシロサイをめぐる取り組みを紹介した。内容は、少々込み入ってはいるが、次のようなものだ[3]。

まず前提として、キタシロサイは一九七〇年代以降、激しい密猟によって数を減らし、今ではケニアにあと二頭のメスが残されるだけである。このままでは二頭のメスが死亡したときに絶滅する。そこで、林が参加する国際チームが、キタシロサイの体細胞からまずiPS細胞を作製し、さらに林らが中心になってそこから卵子や精子のもととなる始原生殖細胞様細胞(始原生殖細胞のような細胞)をつくることに成功した。現在、死亡したオスの精子が冷凍保存されているため、iPS細胞から誘導した卵子と受精させて、近縁亜種のミナミシロサイを代理母として出産させることで、まずは絶滅を回避する。さらに、冷凍保存されている他のキタシロサイの体細胞からも同じ方法で、精子や卵子をつくれば、ある程度の遺伝的多様性をもった個体群を復元できることになる。

キタシロサイという国際的に注目される「絶滅確定種」を、ぎりぎりのところで「船の上」に引き上げるための鍵となる技術を、日本のチームが中心となって開発しているというのは、まさに驚くべきことだろう。本書で見てきたような「近代の絶滅」の事例に照らして考えれば、胸が熱くなる。

ストラテジーも違うし、フィロソフィーも違う

キタシロサイの絶滅を巻き戻す研究に大きな一歩をしるした林は、シンポジウムのオーガナイザーの一人であり、日本におけるこの分野のリーダーの一人と目されている。二〇二四年八月、本書の最終章での考察を深めるために、対話する時間を得た。

林がキタシロサイに活用しようとしているのは、幹細胞技術を活用して生殖細胞を体外培養でつくる、いわゆるＩＶＧ（*in vitro* gametogenesis,「試験管内で配偶子をつくる」の意）だ。林の研究室は、ＩＶＧ技術をまずはマウスで、次いでヒトで研究を進めてきた。キタシロサイの研究はその応用編で、キタシロサイを「絶滅確定」の淵から引き上げるために結成された国際チームの取り組みの一つとして行われた。キタシロサイの体細胞から、卵子や精子をつくることができるのだから、繁殖させるうえで画期的なことだ。

しかし、林は、まず「この技術は、今のところバックアップという位置付けです」と述べた。

「キタシロサイのプロジェクトには柱が二本あります。一つは、現存のサイの卵子を冷凍保存され

ている精子と受精させて、ミナミシロサイを代理母にして新しい個体をつくることです。もう一つが、私たちの幹細胞のプロジェクトです。生体から取った細胞は、体細胞からつくったものよりも、質が高く、発生する確率も圧倒的に高いのです。ですから、現存のサイの卵子を使うことを主眼に置き、私たちのIVGの技術は、そのバックアップという位置づけになっています」

体細胞の提供元がオスかメスかを問わず、自由自在に卵子、精子をつくり出せるなら、交配の自由度が増す有利さがあるが、やはり細胞の質が下がるのだという。と同時にあくまで「バックアップ」だという林の発言には、新技術に対する抑制的な態度を感じた。これまでに取材してきた超楽観的な脱絶滅の研究者と違う雰囲気がある。それを指摘すると、林はまずうなずいた。

「今、話題になっている脱絶滅の研究と、私たちの研究との距離感は、一般の方が考えるよりもかなり遠いと思います。元々のコンセプトが大きく違います。私たちは基礎研究者ですので、生殖細胞がどうやってでき上がってくるかに本当の興味があります。それに基づいて研究を進める中で、こういう技術が出てきて応用もできる、というものです。一方、脱絶滅の研究では、個体をつくるという目標が最初にあって、そのためにはどういう技術を取り入れていくかですよね。アウトプットは近いように見えるかもしれませんが、入口もストラテジーも、フィロソフィーも違うんですよね」

林らの研究が、外から見ると脱絶滅に近く見えることは、間違いない。メルボルン大学のパスクが主宰する「タイガーラボ」では、脱絶滅の研究に必要な三つの要素技術を「ゲノム技術」「生殖補助技術」「幹細胞技術」だとして、それぞれチームを編成していた。一方、林のキタシロサイのプロジェクトでは、現状ではこれらのうちの二つ、先端的な「幹細胞技術」(iPS細胞の樹立と、そこからの卵子や精子の作製（IVG）と「生殖補助技術」（体外受精や代理母）を使っている。同じ技術を使って、かたや絶滅種を、かたや絶滅危惧（確定）種を救おうとしているわけで、それらは外から見る限り、やはり似ているのである。

しかし、なにか根っこのところに大きな違いがある。基礎研究から積み上げてサイエンスとしての理解が深まったことを応用する方法と、目標が先にあってそれに向かって技術開発しながら、必要に応じてサイエンスも掘り下げる方法の違いというか。これらは、実際に研究に携わる側としては、根本的なものと感じられるだろう。

研究を積み上げること

もう少し具体的に語るなら、林の「ゲノム技術」に対する考えがよい例になりそうだ。林のキタシロサイ研究は、脱絶滅に必須の三つの要素技術のうち、「ゲノム技術」にはまだ手を伸ばしていない。では、将来的に、ゲノム編集を取り入れることはあるだろうかと問うと、「もちろん、あります」と林は即答した。「やはり多様性をもたせるためにはゲノム編集は不可欠なんです」と。

林の研究では、最低限でも冷凍保存された状態のよい組織があることを前提としている。しかし、キタシロサイの過去の個体で、組織がきちんと冷凍保存されているのはせいぜい数個体だという。となると、将来、それらを林の方法でうまく「復活」させて、個体群をつくることができたとしても、いわゆる創設個体は数頭で、遺伝的多様性が極端に低いままだ。そこで、博物館にある剝製や骨格標本などからＤＮＡを抽出し、ゲノムを読んで、その個体がもつ遺伝的な違いを、ゲノム編集で個体群に戻せば、遺伝的多様性を高めることができる。これは非常にありうるロードマップだと思われる。

しかし、林は慎重に言葉を選びながら、次のように続けた。

「ただ、ゲノム編集によって多様性をもたせるのは、技術的にはまだ難しいところがあります。そもそもゲノムの多様性がどのように成り立っているのか、わかっていない部分が多いんです。研究が進んでいるヒトでいえば、血縁のない人同士では、ゲノム配列のおよそ〇・一パーセントが違います。現状は、医学的研究が先行しているので、どの配列がどういう特定の病気と関連している、などといったことが断片的にわかってきている段階です。個体差とか多様性といった様々な要素の集合体を、はっきりと区別できる基準は、まだ確立していません。まずそこをサイエンスとして理解したうえで、さらにキタシロサイについても広げる必要があるんです」

たしかに、「ゲノムの多様性」とはなにか、ということがもやもやしたままでは、具体的な指針も立てられないだろう。今よりも深いゲノム理解に達して、はじめて「ゲノム編集で多様性をもたせる」という目標も現実味をもつ。そして、その段階で、林らがすでにもっている技術と一緒にすれば、非常にパワフルなものになっていくはずだ。

一方、脱絶滅の研究では、まず「近縁種のゲノムをベースにして、目的とする代理種として機能する個体になるようゲノム編集する」と宣言する。現実的には多くのハードルもあるわけだが、原理的には可能であるとわかっているのだから、やればできるとばかりに技術開発に邁進する。その際、必要な部分でサイエンスは深める必要はあるものの、目標への最短距離を行こうとする。

林らとのアプローチは、同じゲノム編集の捉え方にしてもかなり違うといえる。エンジニアリング優位の脱絶滅研究と、サイエンス優位の林らのアプローチ、と言えるだろうか……。

五年後、一〇年後はわからない……

林の議論を聞いて、このようなことを考えた。

現在、アメリカやオーストラリアで進む脱絶滅の研究と、基礎研究の積み重ねから出た絶滅種・絶滅危惧種への応用には大きなギャップがあるのは間違いなさそうだ。しかし、そういったギャップは、いずれ、双方の研究が進んでいけば、どこかで埋まるのではないか。そうなったときに、二つの研究潮流は合流し、今はまだまだ遠くに思える脱絶滅の技術が、現実的になるのではないか、と。

林は、「たしかに、そうかもしれません」と同意した。

では、そのギャップが埋まるのはどれくらい先のことだろう。脱絶滅の研究者たちは、五年後、一〇年後といった、比較的、近い未来に目標を達成すると喧伝しがちだが、それはあまりに性急なのではないか。林のような慎重な立場の研究者から見るとどうだろうか。

林は、少し考えてから次のように述べた。

「そんなに先じゃない気がしますね。それって結局、私たちの技術が広がり、積み重なっていくペースと、彼らが学んで経験がどんどん増えていくペースによります。私たちは着実にどんどん広げて積み重ねていくので、むこうが諦めず頑張り続ければ、いずれはこの動物種のこのプロジェクトならできる、というふうに合流する部分が出てくると思います。少なくとも五年、一〇年先は、今とは状況が違ってきているはずです」

五年、一〇年で、何かが変わる。脱絶滅の研究者たちと同じ時間スケールで、事が進展する可能性を、林も感じているということなのだった。

その間に、キタシロサイのような「絶滅確定種」でまず様々な「新世代技術」が活用されるだろう。そして比較的最近絶滅して組織が冷凍保存されているような絶滅種、絶滅亜種、絶滅地域個体群へと応用が広がるだろう。日本の生きものでも、対馬のツシマヤマネコのように、今、絶滅が危惧され、集中的な繁殖計画が運用されている種で、遺伝的多様性の確保のために活用されることもありうる。さらには、絶滅してしまったトキの日本の個体群の多様性を、現存の中国由来の個体群に導入することもできるかもしれない。などと様々な応用範囲を思いつく。

さらに一歩進んで、ドードーに似た代理種や、ゲノムを九九・九パーセント復元したフクロオオカミなどが、保全的な価値をしっかりもった形で登場する時代も来るのかもしれない。

本書の議論を経た後では、それらの是非について、一筋縄ではいかない思いにとらわれる。とりわけ、復元されるものが、かつて実在した絶滅種そのものではないことについて考えると、「同じ名で呼ばれる別の生きもの」を受け入れてしまってよいのかという懸念は強い。

しかし、わたしたちがそのような時代の入口に立っていること自体は間違いない。同じ船に乗っている仲間に対して、何をすべきで、何をすべきでないかということは、これからを生きるわたしたちに委ねられている。

謝辞など

現在、地球生命は、「第六の大量絶滅」の時代を迎えているという。本書の射程の中には収まりきらなかったテーマだが、最後に少しだけ触れておく。

「第六の大量絶滅」とは、これまで、地質学的な年代の中で、五回あったとされる大量絶滅、オルドビス紀末、デボン紀末、ペルム紀末、三畳紀末、白亜紀末のいわゆる「ビッグファイブ」に続いて、「六回目」がすでに始まっているという主張だ。

大量絶滅の定義は、「二八〇万年以内に七五パーセント以上の種が絶滅する現象」だとされる。もともと地質学的年代の中での議論なので、そのような期間が設定されている。これまでの五回の原因は、それぞれ巨大な環境変動があったことに帰せられるが、六回目は、明確に「人為」だ。

すでに「第六の大量絶滅」が始まっているという説を支持する立場からは、過去と現在の「絶滅のスピード」を比較することが多い。例えば、ある研究では、化石記録などから、過去の「自然な絶滅」は「一年間で絶滅する生物種は、生物一〇〇万種あたり〇・一〜二種」だとして、ここ数百年の絶滅は、その一〇倍〜一万倍にもなると算出した。(1)

今後、こういった傾向は、人為である気候変動や、様々な環境改変の影響で、増していく可能性が高い。結果として、これまでの「ビッグファイブ」に匹敵する大量絶滅になりうるかどうかについては論争があるものの、現段階でも「自然な」ペースを上回って生きものが絶滅しつつあることについては異論の余地がないようだ。

本書では、わずか数百年以内に滅んだ「会えそうで会えなかった」生きものたちへの執着から始まり、今を生きるわたしたちに語りかけてくれる声を聞こうとした。ここ数百年に話を絞ったつもりが、実は、地質学的な時代に起きた大量絶滅につながるかもしれないと考えると、足がすくむ思いがする。実際、英語で「近代の絶滅(modern extinction)」というとき、「第六の大量絶滅(sixth mass extinction)」と同義で使われることも増えているようだ。その場合、本書で扱った一七世紀以降の絶滅は、大量絶滅の始まりとして位置づけられることになる。

本書で対話を試みた「おしゃべりな絶滅動物」たちは、決して人類を糾弾したりはしない。しかし「きみたちはだいじょうぶか」「船の仲間たちはだいじょうぶか」と、常に問いかけてくる。「第六の大量絶滅」をどう受け止めて、考えていくのかも、まさにその文脈の中にあると考える。

本書の取材にあたっては、多くの方々に協力をいただいた。特に次の方々には多くの時間を費やしていただいた(敬称略)。

ドードーとソリテアについては、Julian Hume (Natural History Museum), Ria Winters (University of Amsterdam)。

ステラーカイギュウと大型カイギュウ類の進化については、古澤仁(札幌市博物館活動センター)、佐藤智子・佐藤勝（会津化石研究グループ）、小林正信（カイギュウランドたかさと）、村澤由香里（滝川市美術自然史館）、長野あかね（沼田町化石館）、宮本雅通（今金町教育委員会事務局）、Samuel A. McLeod (Natural History Museum of Los Angeles County)。

オオウミガラスについては、Errol Fuller, Hilmar J. Malmquist (Icelandic Museum of Natural History), Heather Farrington (Cincinnati Museum Center)、伊藤盡（信州大学）。

リョコウバトについては、Cindy Greenberg, Joel Greenberg, Jon Wuepper, Mark Peck (Royal Ontario Museum), David L. Dyer (Ohio History Connection), Tamaki Yuri (Ohio State University Museum of Biological Diversity), Stanley A. Temple (University of Wisconsin-Madison), Jane Garver (Little Traverse Historical Museum), Heidi Taylor-Caudill (John James Audubon State Park), Sue James (Millikin University)。

フクロオオカミについては、David Hocking (Tasmanian Museum & Art Gallery), Nick Mooney, Kevin Rowe (Museums Victoria), Karen Roberts (Museums Victoria)。

ヨウスコウカワイルカ（バイジー）については、赤松友成（早稲田大学）、笹森琴絵（酪農学園大学）。

「脱絶滅」については、Beth Shapiro (University of California, Santa Cruz), Andrew Pask (University of Melbourne), Greg Irons (Bonorong Wildlife Sanctuary), Michelle Dracoulis (Mayor of Derwent Valley Council)。

終章については、林克彦（大阪大学）、吉森保（大阪大学）、詫摩雅子。

また、草稿を、早川卓志（北海道大学）、綿貫宏史朗（日本モンキーセンター）、水島秀成（北海道大学）に読んでいただき、有益な助言を得た。

本書の原型は、二〇二二年一〇月号から二四年九月号にかけて、岩波書店の雑誌『図書』に連載された「絶滅をめぐる物語」である。書籍化にあたっては、根本的に書き直した。連載時も、書籍化も、猿山直美が丁寧に編集作業を行ってくれた。結果、前著『ドードーをめぐる堂々めぐり――正保四年に消えた絶滅鳥を追って』(岩波書店、二〇二一年)と統一感のある、素晴らしい仕上がりにすることができたと自負している。

おしゃべりな絶滅動物たちと、本書にかかわってくださったすべての方々に感謝します。

二〇二四年一二月

川端裕人

注

はじめに

(1) Winters, R., & Hume, J. P. (2014). The Dodo, the Deer and a 1647 Voyage to Japan. *Historical Biology, 27*(2), 258–264.

(2) Nagaoka, L., Rick, T., & Wolverton, S. (2018). The Overkill Model and Its Impact on Environmental Research. *Ecology and Evolution, 8*(19), 9683–9696. 本書で照準から外れるが，過剰殺戮説を所与のものとしがちな生態学者と，考古学的な証拠に基づこうとする考古学者のカルチャーの違いに言及しており興味深い．

第1章

(1) Steller, G. W. (1899). De Bestiis Marinis, or, The Beasts of the Sea (1751). In *The Fur Seals and Fur-Seal Islands of the North Pacific Ocean* (Miller, W. & Miller, J. E. Trans.). government printing office.

(2) 次の3文書を参照した．
ワクセル(平林広人訳)(1955)『ベーリングの大探検――副司令ワクセルの手記』石崎書店．
Steller, G. W., & Frost, O. W. (1988). *Journal of a Voyage with Bering,* 1741–1742. Stanford University Press.
Stejneger, L. (1936). *Georg Wilhelm Steller, the Pioneer Of Alaskan Natural History.*

(3) Domning, D. P. (1978). *Sirenian Evolution in the North Pacific Ocean.* University of California Publications in Geological Sciences, *118.*

(4) フリント，R. (浜本哲郎訳)(2007)『数値でみる生物学――生物に関わる数のデータブック』丸善出版．

(5) Brandt, J. F. (1849). Symbolae Sirenologicae. In *Mémoires de l'Académie Impériale des Sciences de St.-Pétersbourg. 6e série. Seconde Partie, Sciences Naturelles.*

(6) Sauer, M., & Billings, J. (1802). *An Account of a Geographical and Astronomical Expedition to the Northern Parts of Russia.* Astrahan for T. Cadell & Davies.

(7) Mattioli, S., & Domning, D. P. (2006). An Annotated List of Extant Skeletal Material of Steller's Sea Cow (*Hydrodamalis gigas*)(Sirenia: Dugongidae) From the Commander Islands. *Aquatic Mammals, 32*(3), 273–288.

(8) 次の文献にも同様の情報があり確認した．Tatarenkova, N. A. (2006). On the Use of Meat, Fat, Skin and Bones of the Sea Cow(*Hydrodamalis gigas*). In *Con-*

servation of the Biodiversity of Kamchatka and Adjacent Seas. Proceedings of the International Scientific Conference.
(9) 古沢仁(1995)「カムチャッカ州ベーリング島のステラーカイギュウ」『化石』58, 1-9.
(10) Stejneger, L. (1907). *Herpetology of Japan and Adjacent Territory.* Bulletin of the United States National Museum.
(11) 松井正文(2007)「スタイネガー著「日本とその周辺地域の両生爬虫類」刊行 100 周年を記念して」『爬虫両棲類学会報』2007(2), 156-158.
(12) Stejneger, L. (1887). How the Great Northern Sea-Cow (*Rytina*) Became Exterminated. *The American Naturalist, 21*(12), 1047-1054.
(13) Turvey, S., & Risley, C. (2005). Modelling the Extinction of Steller's Sea Cow. *Biology Letters, 2*(1), 94-97.
(14) Estes, J. A., Burdin, A., & Doak, D. F. (2015). Sea Otters, Kelp Forests, and the Extinction of Steller's Sea Cow. *Proceedings of the National Academy of Sciences, 113*(4), 880-885.
(15) Sharko, F. S., et al. (2021). Steller's Sea Cow Genome Suggests This Species Began Going Extinct Before the Arrival of Paleolithic Humans. *Nature Communications, 12*(1).
(16) Crerar, L. D., et al. (2014). Rewriting the History of an Extinction—Was a Population of Steller's Sea Cows (*Hydrodamalis gigas*) at St Lawrence Island Also Driven to Extinction? *Biology Letters, 10*(11), 2014. 0878.
(17) Le Duc, D., et al. (2022). Genomic Basis for Skin Phenotype and Cold Adaptation in the Extinct Steller's Sea Cow. *Science Advances, 8*(5).
(18) Heritage, S., & Seiffert, E. R. (2022). Total Evidence Time-Scaled Phylogenetic and Biogeographic Models for the Evolution of Sea Cows (Sirenia, Afrotheria). *PeerJ, 10,* e13886.
(19) Takahashi, S., Domning,D. P., & Saito, T. (1986) *Dusisiren Dewana,* n. sp. (Mammalia: Sirenia), a New Ancestor of Stellers Sea Cow from the Upper Miocene of Yamagata Prefecture, Northeastern Japan. *Proceedings of the Palaeontological Society of Japan.*
(20) Kobayashi, S., Horikawa, H., & Miyazaki, S. (1993). A New Species of Sirenia (Mammalia: Hydrodamalinae) from the Shiotsubo Formation in Takasato, Aizu, Fukushima Prefecture, Japan. *Journal of Vertebrate Paleontology, 15*(4), 815-829.
(21) 古沢仁(1996)「北海道・沼田町の上部中新統から発見された新たな海牛類化石」『化石』60, 1-11.
(22) 古沢仁(2013)「海牛の大型化に関する考察」*Journal of Fossil Research, 45*(2), 55-60.

(23)　Furusawa, H. (1988). A New Species of Hydrodamaline Sirenia from Hokkaido, Japan. *Takikawa Museum of Art and Natural History.*
(24)　美利河産海牛化石調査研究会(1992)『美利河産海牛化石発掘調査報告書』今金町教育委員会.
(25)　篠原暁・木村方一・古沢仁(1985)「北海道石狩平野の野幌丘陵から発見されたステラー海牛について」『地団研専報』30, 97-117.
(26)　古沢仁・甲能直樹(1994)「房総半島の中部更新統万田野層から産出したステラーカイギュウ(Sirenia: *Hydrodamalis gigas*)」『化石』56, 26-32.
(27)　甲能直樹・薬師大五郎・小林英一(2007)「東京都狛江市の下部更新統飯室累層よりダイカイギュウの全身骨格化石の発見」『化石』82, 1-2.
(28)　古沢仁(2005)「北太平洋海牛類(ヒドロダマリス亜科：Hydrodamalinae)の進化と古環境」『化石』77. 29-33.

第2章

(1)　Fuller, E. (1999). *The great auk.* ABRAMS. オオウミガラスの一般的な情報として最も網羅的で信頼できるため，本章の記載では常に参照している．すべての標本の写真が来歴とともにまとめてある．語源についてはp. 398にある．
(2)　Newton, A. (1861). Abstract of Mr. J. Wolley's Researches in Iceland Respecting the Gare-Fowl Or Great Auk(*Alca impennis, Linn*). *Ibis, 3*(4), 374-399.
(3)　Braun, I. M. (2018). Representations of Birds in the Eurasian Upper Palaeolithic Ice Age Art. *Boletim do Centro Português de Geo-História e Pré-História, 1*(2), 13-21.
(4)　Fuller(1999)より引用．p. 66.
(5)　Fuller(1999)より引用．pp. 82-83.
(6)　例えば，ケティル・ケティルスソンが，実際には「卵を置いた」のではなく「卵を割った」のではないか，などの「想像や脚色」が語られている．オーデュボンの名を冠した次のウェブサイトでは，ケティルが卵をブーツで踏み潰したことになっている．*The Extinction of The Great Auk.* (n.d.). John James Audubon Center at Mill Grove. https://johnjames.audubon.org/extinction-great-auk
(7)　Cowles, H. M. (2013). A Victorian Extinction: Alfred Newton and the Evolution of Animal Protection. *The British Journal for the History of Science, 46*(4), 695-714.
(8)　Strickland, H. E. (1848). *The Dodo and Its Kindred: Or the History, Affinities, and Osteology of the Dodo, Solitaire, and Other Extinct Birds of the Islands Mauritius, Rodriguez, and Bourbon,* Beeve, Benham and Reeve, 8, Kingstreet, STRAND.
(9)　Pálsson, G. (2024). *The last of Its kind: The Search for the Great Auk and the Discovery of Extinction.* Princeton University Press. p. 55.「オオウミガラスの書」は，英語，アイスランド語，デンマーク語，ドイツ語で書かれた手書きの文書で

あり，通読すること自体，難易度が高い．パルソンは，アイスランド語を母語としており，本書において，Fuller(1999)よりも細部を読み込んでいるように見える．

(10) Cuvier, G. B. (1798). *Mémoire sur Les Espèces d'éléphans Vivantes et Fossiles: Lu a l'Institut National Le Premier Pluviose an IV.*

(11) Wollaston, A. F. (1921). *Life of Alfred Newton: Professor of Comparative Anatomy, Cambridge University, 1866–1907.* E. P. Dutton and Company. p. 7.

(12) Wollaston(1921) p. 112.

(13) ダーウィン，チャールズ(渡辺政隆訳)(2009)『種の起源』光文社古典新訳文庫．p. 318.

(14) Newton, A., & Newton, E. (1869). On the Osteology of the Solitaire or Didine Bird of the Island of Rodriguez, Pezophaps Solitaria (Gmel). *Philosophical Transactions of the Royal Society of London.*

(15) Thomas, J. E., et al. (2019). Demographic Reconstruction from Ancient DNA Supports Rapid Extinction of the Great Auk. *eLife, 8.*

(16) Thomas, J. E., et al. (2017). An 'Aukward' Tale: A Genetic Approach to Discover the Whereabouts of the Last Great Auks. *Genes, 8*(6), 164.

第3章

(1) 本章の基礎的な情報は，リョコウバト絶滅100周年の年に出版された本書から得ている．Greenberg, J. (2014). *A Feathered River Across the Sky: The Passenger Pigeon's Flight to Extinction.* Bloomsbury Publishing.

(2) Audubon, J. J. (1840). *The Birds of America vol 5.*

(3) Wilson, A. (1812). *American Ornithology; or, the Natural History of the Birds of the United States vol 5.*

(4) Schorger, A. W. (1955). *The Passenger Pigeon, Its Natural History and Extinction.* University of Wisconsin Press.

(5) Greenberg(2014) pp. 190–191.

(6) Eckert, A. W. (1965). *The Silent Sky: The Incredible Extinction of the Passenger Pigeon.* Little, Brown and Company.

(7) Shufeldt, R. W. (1915). Anatomical and Other Notes on the Passenger Pigeon (*Ectopistes migratorius*) Lately Living in the Cincinnati Zoölogical Gardens. *The Auk, 32*(1), 29–41.

(8) Leopold, A. (1947). On a Monument to the Pigeon. In *Silent Wing.* Wisconsin Society for Ornithology.

(9) Leopold, A. (1949). *A Sand County Almanac, and Sketches Here and There.* Oxford University Press. 邦訳に新島義昭訳(2024)『野生のうたが聞こえる』ちくま学芸文庫があるが，本書では，参考にしつつ，独自に訳出した．

(10) Hung, C., et al. (2014). Drastic Population Fluctuations Explain the Rapid Extinction of the Passenger Pigeon. *Proceedings of the National Academy of Sciences, 111*(29), 10636–10641.
(11) Murray, G. G., et al. (2017). Natural Selection Shaped the Rise and Fall of Passenger Pigeon Genomic Diversity. *Science, 358*(6365), 951–954.
(12) Whitman, C. O. (1919). *Posthumous Works of Charles Otis Whitman: Professor of Zoology in the University of Chicago, 1892–1910; Director of Marine Biological Laboratory at Woods Hole, 1888–1908.* The Carnegie Institution of Washington.
(13) ウェブサイトの記事は後に書籍になっている．小檜山六郎(2008)『医聖野口英世を育てた人々』福島民友新聞社.
(14) 三宅驥一(1977)「野口博士の思ひ出」『野口英世第４巻 その生涯と業績』講談社.

第４章

(1) 21世紀になっても西オーストラリアではフクロオオカミの目撃が相次ぎ，それらをまとめて報告する論文も出ている．Heberle, F. (2004). Reports of Alleged Thylacine Sightings in Western Australia. *Conservation Science Western Australia, 5*(1), 1–5.
(2) 本章の基礎的な知識は，様々な分野のフクロオオカミ研究者が集結して著した本書を参照している．Holmes, B., & Linnard, G. (2023). *Thylacine: The History, Ecology and Loss of the Tasmanian Tiger.* CSIRO.
(3) Harris, G. P. (1808). Description of Two New Species of Didelphis From Van Diemen's Land. *Transactions of the Linnean Society of London, 9*(1), 174–178.
(4) Webster, R. M., & Erickson, B. (1996). The Last Word? *Nature, 380*(6573), 386.
(5) Paddle, R. N., & Medlock, K. M. (2023). The Discovery of the Remains of the Last Tasmanian Tiger (*Thylacinus cynocephalus*). *Australian Zoologist, 43*(1), 97–108.
(6) Linnard, G., & Sleightholme, S. R. (2023). An Exploration of the Evidence Surrounding the Identity of the Last Captive Thylacine. *Australian Zoologist, 43*(2), 287–338.
(7) Bevilacqua, S. (2016). *Look a Tiger in the Eye.* Mercury. https://www.themercury.com.au/news/opinion/talking-point-look-a-tiger-in-the-eye/news-story/1d16bf6d4b9b39904ac2cc327cde5c60
(8) Figueirido, B., & Janis, C. M. (2011). The Predatory Behaviour of the Thylacine: Tasmanian Tiger or Marsupial Wolf? *Biology Letters, 7*(6), 937–940.
(9) Rovinsky, D. S., et al. (2020). Did the Thylacine Violate the Costs of Carni

vory? Body Mass and Sexual Dimorphism of an Iconic Australian Marsupial. *Proceedings of the Royal Society B: Biological Sciences, 287*(1933).

(10) Rovinsky, D. S., Evans, A. R., & Adams, J. W. (2021). Functional Ecological Convergence Between the Thylacine and Small Prey-Focused Canids. *BMC Ecology and Evolution, 21*(1).

(11) Feigin, C. Y., et al. (2017). Genome of the Tasmanian Tiger Provides Insights Into the Evolution and Demography of an Extinct Marsupial Carnivore. *Nature Ecology & Evolution, 2*(1), 182–192.

第5章

(1) 本章の基礎的な情報として本書を参照している．Turvey, S. (2009). *Witness to Extinction: How We Failed to Save the Yangtze River Dolphin.* Oxford University Press.

(2) アダムス，ダグラス・カーワディン，マーク(安原和見訳)(2022)『これが見納め——絶滅危惧の生きものたちに会いに行く』河出文庫．バイジーについて語った一般書として出色．著者のアダムスはSF作家．Adams, D., & Carwardine. M. (1990). *Last Chance to See.* Pan Books.

(3) Kimura, T., & Hasegawa, Y. (2024). New Fossil Lipotid (Cetacea, Delphinida) from the Upper Miocene of Japan. *Paleontological Research, 28*(4).

(4) 陳佩薫・刘仁俊(1992)『バイジー(Baiji)——危機にあるヨウスコウカワイルカ』江ノ島水族館．

(5) Miller, G. S. (1918). A New River-Dolphin From China. *Smithsonian Miscellaneous Collections, 68*(9), 1–12.

(6) Reeves, R. R., Smith, D., & Kasuya, T. (2000). *Biology and Conservation of Freshwater Cetaceans in Asia (Occasional Paper of the IUCN Species Survival Commission)* (23). IUCN Species Survival Commission.

(7) Turvey, S. T., et al. (2007). First Human-Caused Extinction of a Cetacean Species? *Biology Letters, 3*(5), 537–540.

(8) 浦環ほか(2004)「鳴音データの解析によるヨウスコウカワイルカの潜水行動およびバイオソナー特性の推定」『生産研究』56(6), 467–470.

第6章

(1) Martinelli, L., Oksanen, M., & Siipi, H. (2014). De-Extinction: A Novel and Remarkable Case of Bio-Objectification. *Croatian Medical Journal, 55*(4), 423–427.

(2) Shapiro, B. (2015). *How to Clone a Mammoth: The Science of De-Extinction.* Princeton University Press.

(3) Shapiro, B. (2016). Pathways to De-Extinction: How Close Can We Get to

Resurrection of an Extinct Species? *Functional Ecology, 31*(5), 996–1002.
(4) Stokstad, E. (2015). Bringing Back the Aurochs. *Science, 350*(6265), 1144–1147.
(5) Folch, J., et al. (2009). First Birth of an Animal From an Extinct Subspecies (Capra pyrenaica pyrenaica) by Cloning. *Theriogenology, 71*(6), 1026–1034.
(6) Lynch, V., et al. (2015). Elephantid Genomes Reveal the Molecular Bases of Woolly Mammoth Adaptations to the Arctic. *Cell Reports, 12*(2), 217–228.
(7) Van der Valk, T., et al. (2021). Million-Year-Old DNA Sheds Light on the Genomic History of Mammoths. *Nature, 591*(7849), 265–269.
(8) *The Mommoth.* Colossal Biosciences. https://colossal.com/mammoth/
(9) Appleton, E., et al. (2024). Derivation of Elephant Induced Pluripotent Stem Cells. *bioRxiv preprint.*
(10) Zimov, S., Zimov, N., Tikhonov, A., & Chapin, F. (2012). Mammoth Steppe: A High-Productivity Phenomenon. *Quaternary Science Reviews, 57,* 26–45.
(11) Zimov, S. (2007). *Mammoth Steppes and Future Climate.*
(12) *PASSENGER PIGEON PROJECT.* revive & restore. https://reviverestore.org/about-the-passenger-pigeon/
(13) *The Dodo.* Colossal Biosciences. https://colossal.com/dodo/
(14) Sleightholme, S. R. (2023). The International Thylacine Specimen Database. In *Thylacine: The History, Ecology and Loss of the Tasmanian Tiger.* CSIRO.
(15) Sandoval-Velasco, M. (2024). Three-Dimensional Genome Architecture Persists in a 52,000-Year-Old Woolly Mammoth Skin Sample. *Cell, 187*(14).
(16) Annaluru, N., et al. (2014). Total Synthesis of a Functional Designer Eukaryotic Chromosome. *Science, 344*(6179), 55–58.
(17) *Parties to the Cartagena Protocol and its Supplementary Protocol on Liability and Redress.* https://bch.cbd.int/protocol/parties
(18) Species Survival Commission. (2016). *IUCN SSC Guiding Principles on Creating Proxies of Extinct Species for Conservation Benefit.* IUCN.

終 章

(1) Yamagata, K., et al. (2019). Signs of Biological Activities of 28,000-Year-Old Mammoth Nuclei in Mouse Oocytes Visualized by Live-Cell Imaging. *Scientific Reports, 9*(1).
(2) Katayama, M., et al. (2022). Induced Pluripotent Stem Cells of Endangered Avian Species. *Communications Biology, 5.*
(3) Hayashi, M., et al. (2022). Robust Induction of Primordial Germ Cells of White Rhinoceros on the Brink of Extinction. *Science Advances, 8*(49).

謝辞など

(1) Cowie, R. H., Bouchet, P., & Fontaine, B. (2022). The Sixth Mass Extinction: Fact, Fiction or Speculation? *Biological Reviews of the Cambridge Philosophical Society, 97*(2), 640–663.

川端裕人
1964年兵庫県明石市生まれ，千葉県千葉市育ち．文筆家．
東京大学教養学部卒業．
『ドードーをめぐる堂々めぐり――正保四年に消えた絶滅鳥を追って』(岩波書店)，『10代の本棚――こんな本に出会いたい』(共著，岩波ジュニア新書)，『我々はなぜ我々だけなのか――アジアから消えた多様な「人類」たち』(講談社ブルーバックス．科学ジャーナリスト賞・講談社科学出版賞受賞)，『動物園から未来を変える――ニューヨーク・ブロンクス動物園の展示デザイン』(共著，亜紀書房)，『「色のふしぎ」と不思議な社会――2020年代の「色覚」原論』『科学の最前線を切りひらく！』(筑摩書房)，小説に『ドードー鳥と孤独鳥』(国書刊行会．新田次郎文学賞受賞)，『川の名前』(ハヤカワ文庫)，『エピデミック』『銀河のワールドカップ』(集英社文庫)など多数．

おしゃべりな絶滅動物たち
――会えそうで会えなかった生きものと語る未来

2025年1月21日　第1刷発行
2025年4月15日　第2刷発行

著　者　川端裕人（かわばたひろと）

発行者　坂本政謙

発行所　株式会社 岩波書店
〒101-8002 東京都千代田区一ツ橋2-5-5
電話案内 03-5210-4000
https://www.iwanami.co.jp/

印刷・精興社　製本・牧製本

ISBN 978-4-00-061679-9　　Printed in Japan